KB064183

흙

EBS 흙 제작팀 지음 | EBS 기획 • 방송 | 이태원 감수

2008년 4월 15일 처음 찍음 | 2011년 1월 15일 세 번 찍음
펴낸곳 도서출판 낮은산 | 펴낸이 정광호 | 편집 정우진 | 제작 정호영 | 디자인 박대성
출판 등록 2000년 7월 19일 제10-2015호
주소 서울시 마포구 서교동 395-179 미르빌딩 6층 | 전자우편 littlemt@dreamwiz.com
전화 (02)335-7365(편집) (02)335-7362(영업) | 전송 (02)335-7380
출력 • 제판 나모 에디트 | 인쇄 • 제본 영신사

* 책값은 뒤표지에 표시되어 있습니다.

ISBN 978-89-89646-45-7 43400

이야기가 있는 과학

EBS 흙 제작팀 지음
이태원 감수

낮은산

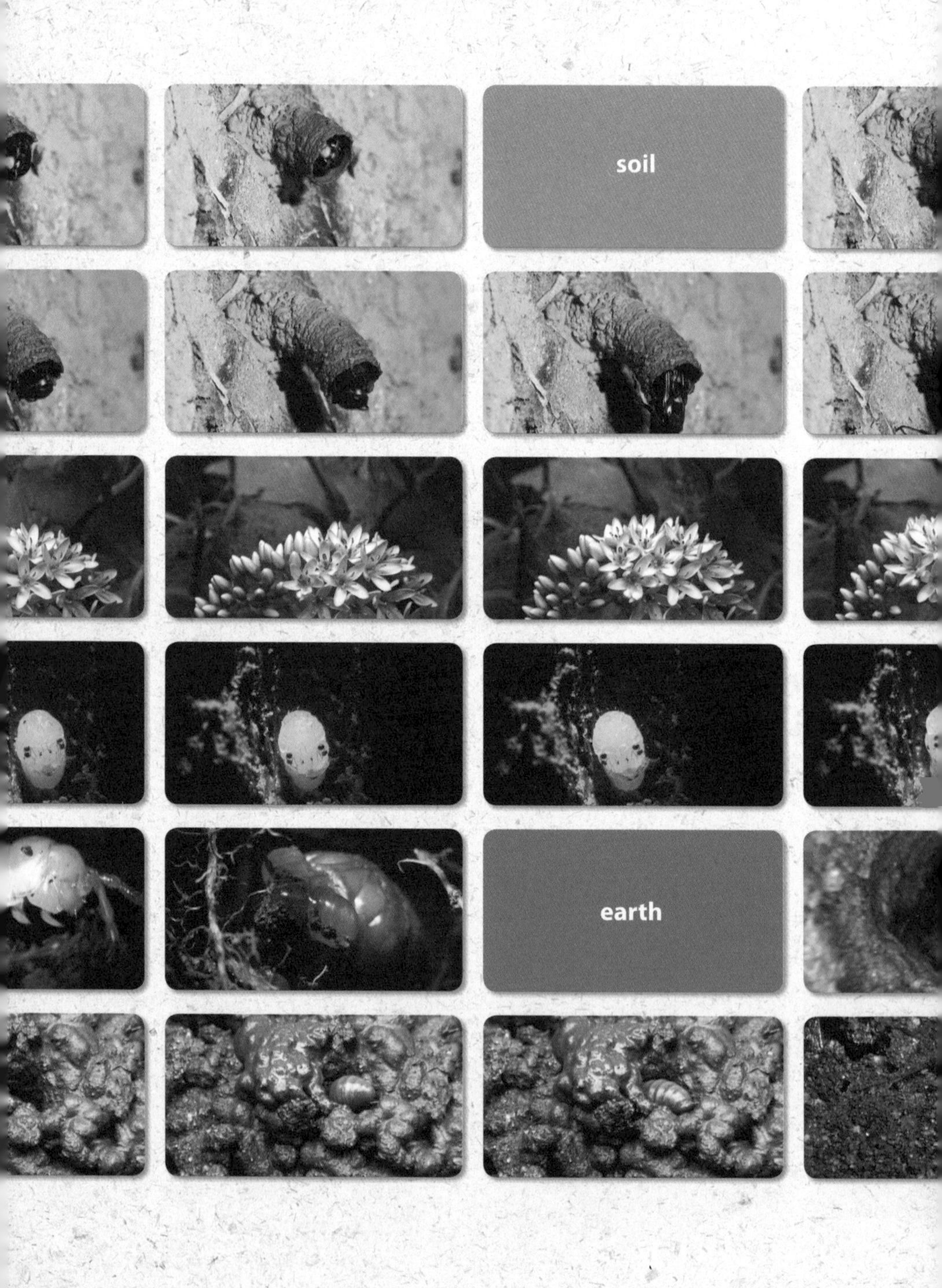
soil
earth

life

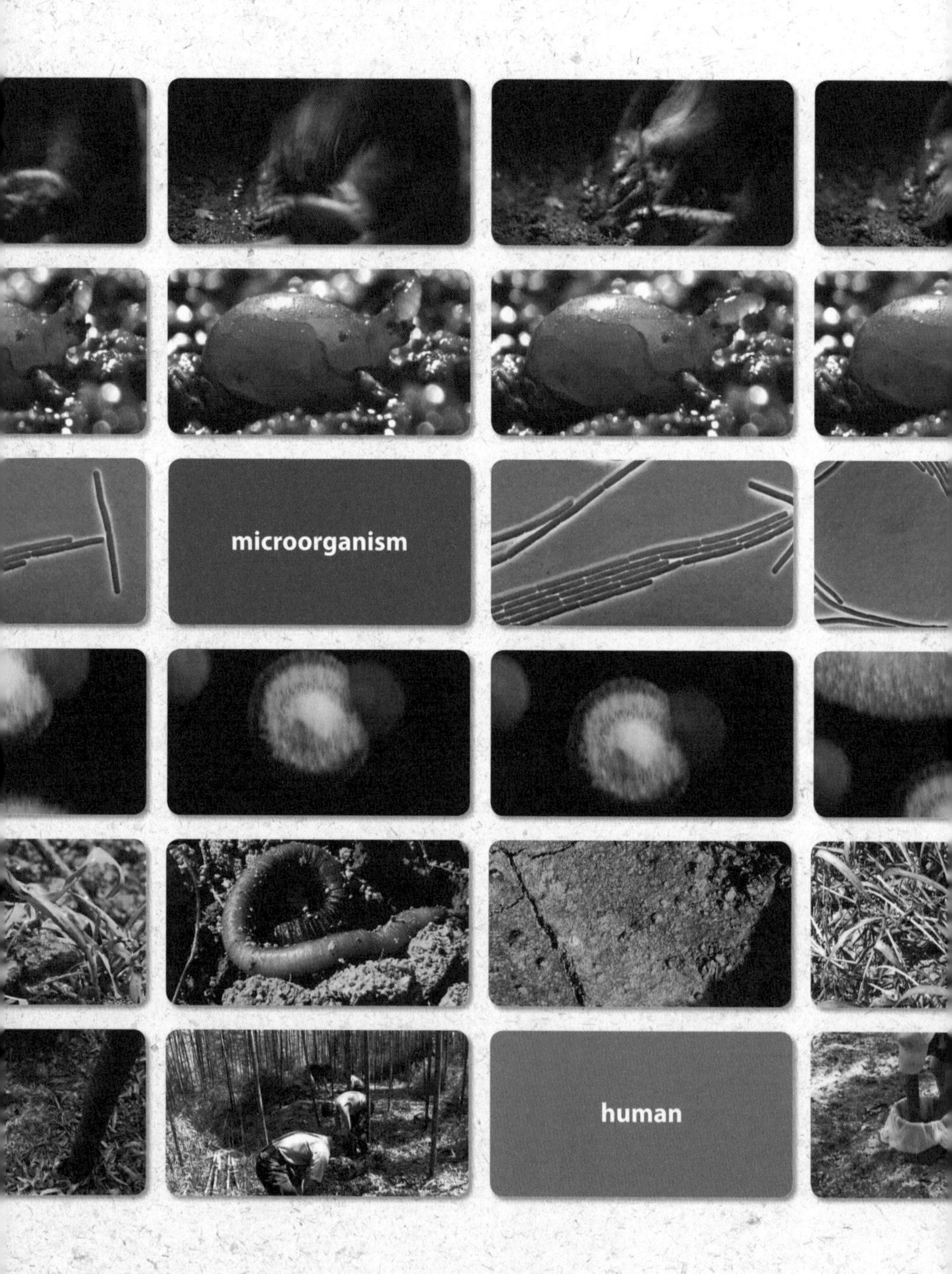
microorganism
human

ecology

흙의 생명력을 믿어 보자

집에서 오 분 거리에 주말 농장 터가 있습니다.
상추, 무, 배추, 더덕, 감자, 오이, 파 등을 심어 키우고 거두면서 흙이 주는 기쁨을 맛보며 수 년 동안 텃밭을 일구어 왔죠.
그러던 어느 해 봄이었습니다.
겨우내 묵혔던 땅을 일구려고 거름을 뿌린 뒤 흙을 뒤집기 시작했습니다.
삽을 깊숙하게 찔러 넣고 한 삽 가득 흙을 퍼서 올렸는데, 흙 위로 뭔가 튀어 오르며 발버둥치는 것이 눈에 띄었습니다.
삽질에 몸이 동강 난 지렁이였습니다.
마음속에서 '아! 이건 아니다.'라는 느낌이 왔습니다. 자세히 들여다보자 지렁이뿐만이 아니었습니다. 등에 알집을 지고 도망가는 늑대거미들과 서식처가 파헤쳐진 채 혼비백산한 개미들, 나뒹구는 나방 번데기들…….
'십수 년 동안 자연 다큐멘터리를 제작하면서도 발밑은 보지 못했구나!' 하는 생각이 들었습니다.

삽질을 멈추고 흙에 대한 생각에 사로잡혔습니다. 내가 먹고 살려고 다른 생명을 함부로 해칠 수 있는가? 그럴 권한이 나에게 있을까? 흙에 거름을 쏟아 붓고 흙을 갈아엎어야만 작물을 재배할 수 있는가? 흙이란 무엇일까?
텃밭 앞에 있는 청계산이 눈에 들어왔습니다. 사람이 가꾸지 않아도 산에서 자라는 풀과 나무는 시절을 좇아 실과를 맺으며 살아가고, 그 힘은 자연의 순환에서 비롯한다는 것을 깨달았습니다.
흙에서 살아가는 모든 생명들이 이를 가능하게 한다. 흙의 생명력을 믿어 보자!

삽과 괭이는 던져 버리고 호미로 흙을 조금만 파고 씨앗을 심었습니다. 그러나 마음 한구석에서 피어오르는 불안감을 지울 수는 없었습니다. 주변에서는 거름을 뿌리고 흙을 뒤집어 정성들여 작물을 재배하는데, 이렇게 흙을 일구지도 않고 거름도 거의 주지 않아도 과연 작물이 잘 자랄까?

그러나 그것은 기우였습니다. 그해에는 어느 해보다도 풍성한 결실을 얻었습니다. 뿐만 아니라 밭은 지렁이와 거미의 천국이 되었고, 15평 텃밭에 참개구리까지 뛰어다녔습니다. 흙에 대해 확신이 서는 순간, 다큐멘터리로 만들어야겠다는 생각이 들었습니다.
흙에서 살아가는 생명들, 눈에 보이지 않는 생태계를 밝혀 보고 싶었습니다. 흙이 단순히 광물질이 아니라, 뭇 생명이 살아가는 생명의 보고임을 보여 주고 싶었습니다.

맨눈으로 볼 수 없는 세계를 다루다 보니 촬영은 생각보다 무척 힘들었습니다.
팔백 배의 배율 상태에서 미생물이 분열하는 모습을 촬영할 때는 참으로 어려웠습니다. 장시간 노출로 시료의 표면이 말라 가면 현미경 렌즈의 초점이 흐려집니다. 그때마다 미동나사를 돌려 초점을 맞춰 촬영해야 하는데, 화장실에 다녀오는 사이에 초점이 흐려져 며칠간의 수고가 헛일이 된 적도 있었습니다. 뿌리내리는 장면은 0.1밀리미터씩 카메라를 이동하며 촬영해서야 얻을 수 있었습니다. 정교한 자동장치가 없어서 수동으로 촬영했는데 보름 동안 많은 시행착오 끝에 겨우 얻은 영상입니다. 야영 중에 텐트 지지대가 휘어 구부러질 정도의 폭풍우를 만나 밤새 떨기도 했고, 눈이 쌓여 허리춤까지 빠지는 점봉산에 장비를 메고 기다시피 해서 오르기도 했습니다. 흙의 진실을 알리기 위한 일념으로 지낸 시간이었습니다.

이제 책으로 출판되어 다시 여러분의 곁을 찾게 되었습니다. 이 책을 통해 자연의 비밀을 엿보고 흙의 소중함을 느끼셨으면 합니다.

이의호 다큐멘터리 《흙》 프로듀서

차례

흙에 난

prologue

밥길

한창 바쁠 때 농부들이 논이 아니라 산에 모여 밥을 푸고 있다.

참 이상한 광경이다.

삼월이면 농사 준비로 한창 바쁠 때인데, 전국 각지에서 온 농부들이 왁자지껄하게 논이 아니라 산에 모여 있으니 말이다. 그런데 트럭으로 싣고 온 수십 개의 커다란 고무통 안에는 먹기 좋게 잘 지어진 하얀 밥이 담겨 있다. 그저 꽃놀이나 하러 온 모양새는 아닌 듯하다. 모인 농부들은 너나 할 것 없이 그 밥을 양파 자루와 삼나무 상자에 나누어 담고는, 부지런히 산길을 오른다.

농부들이 발을 멈춘 곳은 대나무 밭 아래.
곡괭이로 살살 밭 아래 땅을 파더니 들고 온 밥을 묻는다.
그냥 흩뿌리는 것이 아니라,

밥이 무슨 보물이라도 되는 양 참 까다롭게 마무리를 한다.

먼저 밥이 담긴 양파 자루나 삼나무 상자를 구덩이 속에 넣고 그 위에 종이를 덮는다.
그러고는 나뭇가지 사이사이로 공기가 드나들 수 있는 숨구멍을 내 주고,
다시 흙을 덮는다. 마지막으로 낙엽을 덮어 보온을 한다.

따로 밥만 산에 까는 사람도 있다.

그러자 산속에 허옇게

밥 길이 난다.

꼭 무슨 비밀스런 제사 같다.

도대체 왜 이 귀한 밥을, 농부에게는 자신의 자식과 다름없는 쌀로 지은 밥을

대나무 밭 아래 묻고, 숨구멍도 내 주고, 낙엽도 덮어 주며,

귀한 보물 숨기듯 파묻을까?

파묻은 밥은 흙과 농부들만 아는 비밀.

비밀의 열쇠는 흙과 그 속에 살고 있는 생물들이 쥐고 있다.

그렇다고 그 비밀을 알려고 너무 서두르지는 말자.

조금씩 조금씩 흙과 생명이 빚어내는 온갖 이야기를 듣다 보면

자연스럽게 그 비밀은 풀릴 테니까.

1

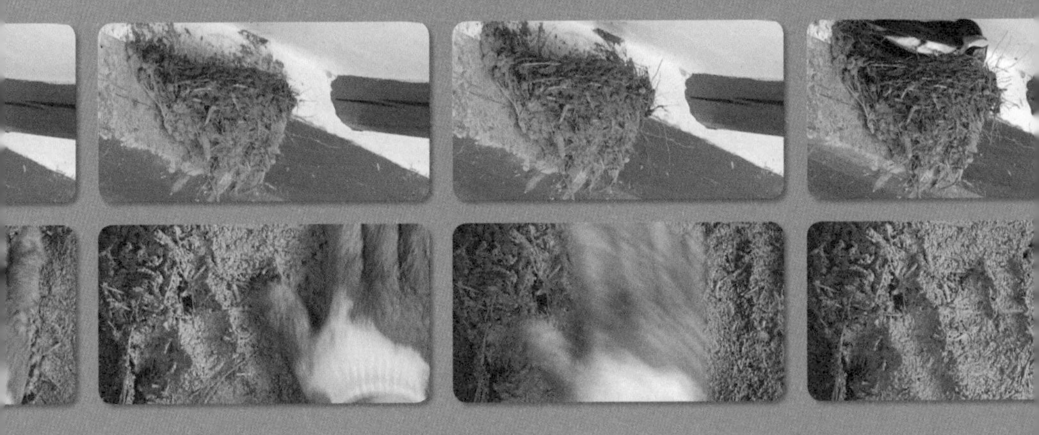

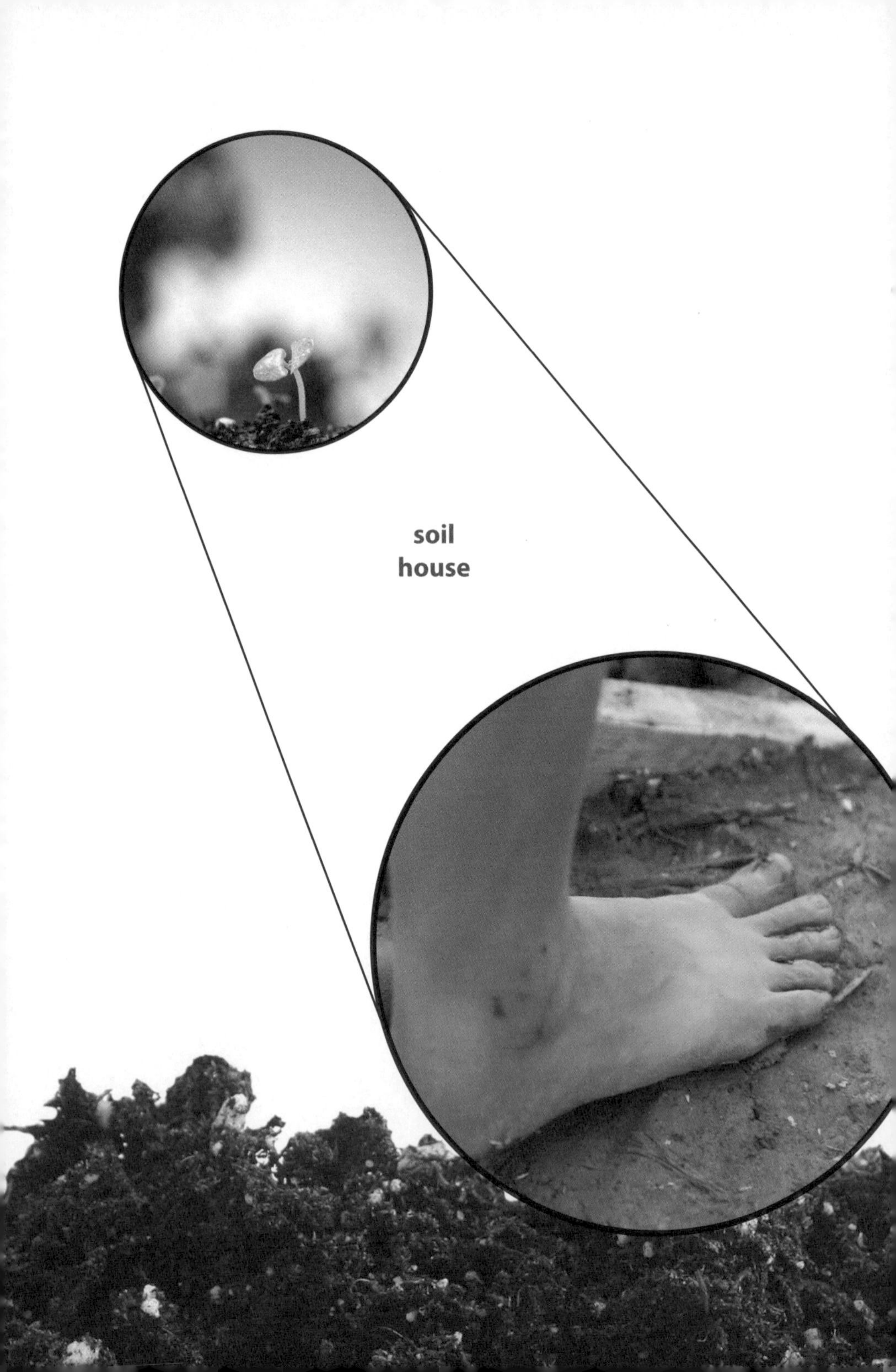
soil
house

흙으로 지은 집

흙은 인간이 사는 집, 입는 옷, 먹는 음식, 어디에나 일일이 끼어드는데도,
인간은 그 고마움을 잘 모르는 채 지내 왔다.
하지만 다른 많은 생물들은 일찌감치 이 오묘한 흙의 존재를 깨달았는지,
오랜 세월 함께 잘 지내고 있다.

미생물부터 인간까지, 그리고 다양한 광물질부터 식물의 잔뿌리까지,
만물을 품고 있는 지구의 따뜻한 이불, 고마운 흙의 이야기를 한번 들어 보자.

죽어 가는 흙

흙이 죽어 가고 있다.
매년 봄이면 빨간 불이 들어오는 황사 경보는 흙이 죽어 가고 있다는 신호이기도 하다. 황사가 시작되는 중국 황하 유역, 몽골 지역 등은 땅을 덮고 있던 흙이 날아가 버려서, 점차 메말라 가며 사막이 되어 가고 있다.

먼 나라의 이야기만은 아니다.
황사와 산성비뿐만 아니라, 화학비료나 자동차 매연 같은 공해 물질 때문에 우리 땅도 산성화되어 가고 있다. 화학비료 때문에 힘을 잃은 흙은 빗물에 씻겨 자신의 영양분을 강으로 흘려보낼 수밖에 없고, 산성비에 섞여 있던 중금속은 바다로 바다로 흘러 들어가고, 영양분을 제대로 공급받지 못한 식물은 제대로 자라지 못하고 있다. 또한 낙엽이나 죽은 동물이 영양분으로 분해되지 못해 굶어 죽는 생물들도 늘어나고 있다.

흙이란 40억 년 전 생긴 지각, 쉽게 이야기하면 지구의 표면이 서서히 부서지면서 생긴 광물질을 말한다. 이 흙 자체는 무생물일지 몰라도, 식물이 자신의 몸을 내맡기고 영양분을 흡수하는 원천이며, 그 식물을 먹고 자라는 동물이 발을 딛고 살아가는 터전이 된다.

땅속에는 햇빛이 들지 않아 광합성을 할 수 없다. 하지만 땅속 생물들은 광합성을 하는 땅위 생물들이 죽으면 그 사체를 분해해서 영양분으로 삼아 살아간다. 또한 땅위 식물들은 땅속 생물들이 분해해 놓은 무기물을 흡수해 무럭무럭 자란다. 이렇듯 땅속과 땅위는 서로를 먹여 살리는 하나의 공동체를 이루고 있다.

하지만 흙이 죽어 가자 땅속, 땅위 생물들 모두 위기를 맞고 있다. 삶의 터전을 잃은 생명 공동체 전체가 죽어 가고 있다.

사람의 안식처가 되는 흙

다른 많은 생명체처럼 사람들도 흙에 기대어 살아왔다. 숨 쉴 틈 하나 없는 시멘트와 아스팔트에 갇혀 사는 우리로서는 상상하기 힘들지 모른다. 하지만 지금도 전 세계 인구의 약 22퍼센트, 약 15억 명의 사람들이 흙집에 살고 있을 정도로 사람들은 여전히 흙에 많은 빚을 지고 있다. 그리고 우리 조상들 역시 오래전부터 이 흙을 삶의 바탕으로 삼아 왔다.

여름에는 시원하고 겨울에는 따뜻한 집은 흙에서 시작한다.

흙은 꽤 괜찮은 그릇의 재료이다. 흙은 물처럼 그 자체로는 특별한 모양이 없다. 하지만 물레 위에 흙을 올려놓고 발로 돌리면서, 손에 얼마만큼 힘을 주고 어떤 모양을 하느냐에 따라 흙은 천 가지, 만 가지 모양을 낸다. 모양을 가진 용기에 담겨야만 하는 물과는 또 다르다. 형태가 없으면서 형태가 되는 흙의 성질 때문이다.

형태가 없으면서 형태가 되는 흙은 집에 옷을 입히는 데도 제격인 재료다. 조상들은 걸쭉하게 흙 반죽을 해서 처발라 흙벽을 만들고, 방바닥을 만들어 집을 지어 왔다. 여름에는 시원하고 겨울에는 따뜻한 집은 이 흙에서부터 시작한다.

사람만이 흙으로 집을 지을 줄 안다고 생각한다면 오산이다. 자연의 생명들은 사람보다 먼저 흙의 고마움을 알고 함께 살아왔다. 자연의 많은 생물들 역시 흙으로 집을 짓거나, 흙을 따뜻한 보금자리로 삼고는 한다. 흙이 좋다는 사실은 사람이나 다른 동물이나 다 아는 모양이다.

하늘을 나는 녀석들의 보금자리, 흙

주로 여름에 많이 볼 수 있는 줄무늬감탕벌이 흙과 씨름하면서 무엇인가 열심히 만들고 있다. 가만 보니 턱과 다리를 이용해 몽글몽글

하게 흙을 뭉치고 있는데, 바로 자기 집 지을 벽돌을 만드는 작업 중이다. 줄무늬감탕벌 암컷은 알을 낳아 키울 집을 파이프 모양으로 만드는데, 침으로 흙을 붙여 가며 짓는 솜씨가 기가 막히다. 여느 미장이 못지않은 솜씨다. 이제 곧 알에서 깨어나면 줄무늬감탕벌 애벌레들은 누구도 부럽지 않은 근사한 보금자리를 얻게 되리라. 애벌레 역시 그 안식처에서 잘 먹고 잘 자라면, 또 한 마리의 훌륭한 미장이가 될 테고.

털과 다리를 이용하여 몽글몽글 벽돌을 만들고 있는 줄무늬감탕벌은 파이프 모양으로 집을 짓는다.

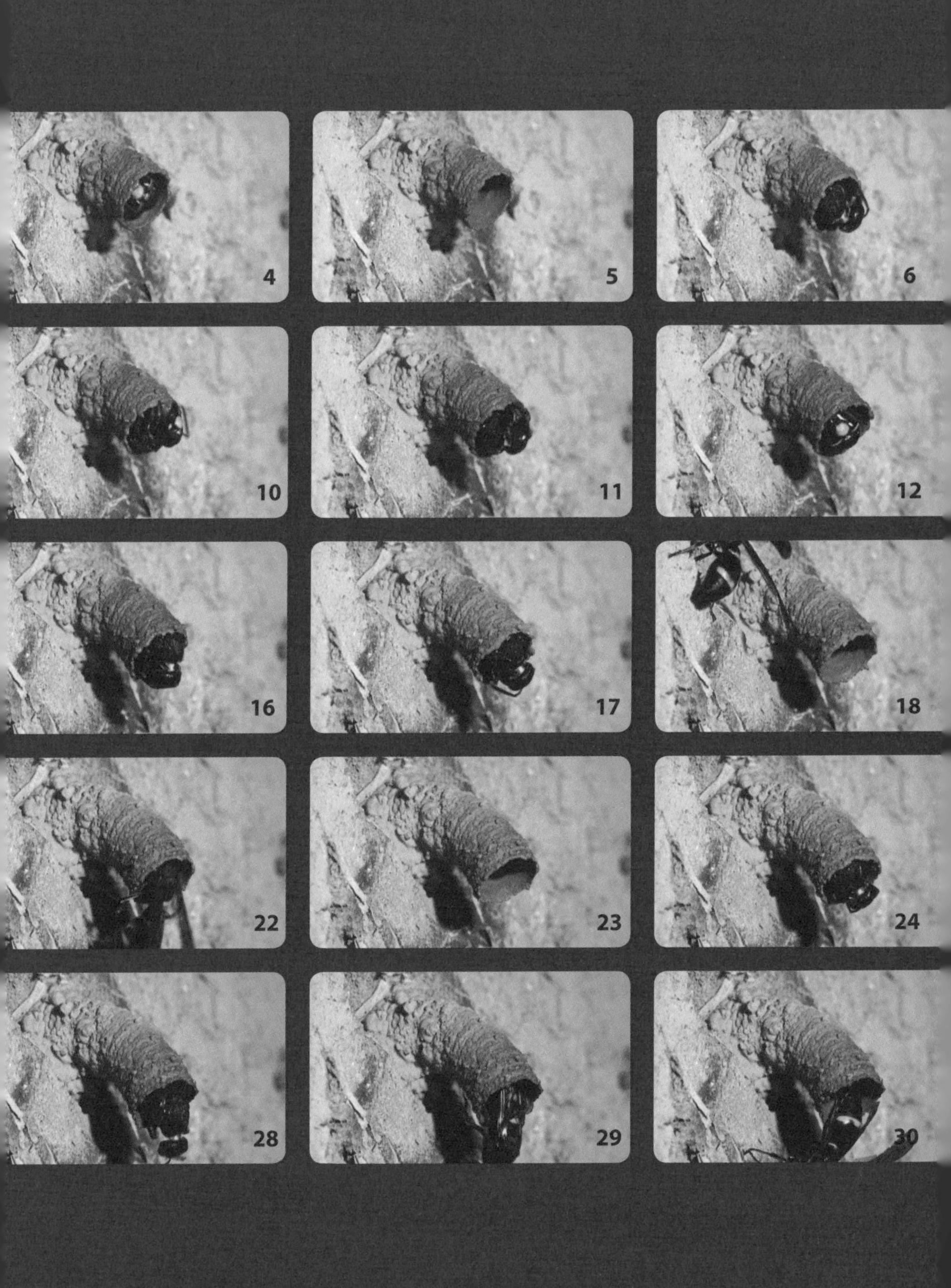
4
5
6
10
11
12
16
17
18
22
23
24
28
29
30

대만, 필리핀, 태국, 베트남 같은 곳에서 겨울을 보내고 이듬해 봄이면 3천 킬로미터 이상 먼 거리를 날아와 한반도를 찾아오는 제비. 이 제비들은 봄이면 먹이 사냥보다는 집 짓는 일에 더 신경을 쓰는데, 흙 나르는 일에 은근히 경쟁이 붙을 정도로 열성이다. 자기 생명보다 새끼를 잘 키울 수 있는 여건을 마련하려는 마음은 제비나 사람이나 다르지 않은가 보다.

집 지을 자재를 구할 때를 빼면 거의 땅에 내려오지 않는 제비이지만, 처마 밑에 둥지를 짓기 위해 자재를 나를 때는 우아한 곡선을 그리며 부지런히 땅에 내려온다. 또, 흙으로만 집을 짓는 줄무늬감탕벌과는 달리, 제비는 집을 지을 때 지푸라기, 마른 풀뿌리 등 다양한 건축 재료를 사용한다. 집 공사는 불과 삼사일이면 끝! 3~7개의 알

제비는 집 짓는 일에 열성이다.

제비는 집을 지을 때 지푸라기, 마른 풀뿌리 등 다양한 건축 재료를 사용한다.

을 낳아 새끼 제비를 키우는 데 충분한 안식처가 드디어 완성되었다. 짧은 시간에 지은 집이지만, 매년 같은 둥지로 돌아와 조금씩 고쳐 가며 쓰는 제비의 집은 무척 튼튼하고 소중한 안식처이다.

청호반새는 물가 벼랑이나 높은 나뭇가지 위에서 먹이 사냥을 한다.

사람을 두려워하지 않아 농경지나 물가, 전선 위에서 자주 눈에 띄는 청호반새. 이 청호반새는 물가 벼랑이나 높은 나뭇가지 위에 꼼짝하지 않고 있다가 물고기나 개구리 같은 먹이를 발견하면 물속이나 땅위에 내려와서 먹이를 잡아 강가나 산 중턱 벼랑으로 날아간다. 그곳 어딘가 흙 구멍 속에 자신의 가장 귀한 것을 감춰 뒀기 때문이다. 누구나 자신에게 가장 귀한 것은, 가장 안전하고 비밀스런 곳에 감추는 법. 아마도 청호반새에게는 이 흙 속이 가장 안전하고 믿을 만한 공간인가 보다.

청호반새는 가장 귀한 것, 바로 자신의 새끼를 가장 믿을 만한 안식처, 흙 속에 감추어 둔다.

만물을 품고 있는 흙

인류가 태어나기 이전부터 흙은 지구 위에 있어 왔고, 인류는 지구상에 발을 디디면서부터 흙과 더불어 살아왔다. 인간이 사는 집, 입는 옷, 먹는 음식…… 흙은 사람 사는 일에 일일이 끼어들고, 씨앗을 주면 열매를 내놓듯 결코 거짓말을 하지 않는, 인간의 입장에서 보자면 참으로 기특한 존재이다. 그러나 인간은 그 고마움에 대해 잘 모르는 채 지내 왔다.

이에 비해 흙과 함께 살아가고 있는 다른 많은 생물들은 일찌감치 이 오묘한 흙의 존재를 깨달았는지 오랜 세월 함께 잘 지내고 있다. 흙에 기대어 살기도 하고, 흙이 숨 쉴 수 있도록 도와주기도 하고, 흙 속에서 전투를 벌이기도 하며 평생을 흙에서 지내는 녀석들. 줄무늬감탕벌, 제비, 청호반새 등도 마찬가지다.

하지만 이 녀석들은 흙이 감싸고 있는 수많은 생명들 가운데 아주 작은 일부분에 지나지 않는다. 흙이 간섭하는 영역은 이보다 훨씬 크고 또 넓다. 보이지 않는 생물부터 시작해서 인간까지, 그리고 다양한 광물질부터 시작해서 식물의 잔뿌리까지, 흙은 만물을 품고 있는 지구의 따뜻한 이불이다.

흙빛에 매료된 사람들

강가에 사람들이 잔뜩 모여 널찍한 천을 들었다 놨다 한다. 사람들은 큰 고무통에 담긴 황토에 천을 담갔다가 말리고 강물에 씻는 작업을 반복하고 있다. 바로 황토 염색이다. 공장에서 생산되는 다양한 색깔과 디자인, 여러 가지 치수의 옷을 고르는 편리함을 마다하고, 굳이 귀찮고 힘들게 흙으로 옷을 해 입는 사람들, 참 이상하다.

황토 염색을 하기 위해서는 우선, 황토물을 햇볕과 그늘에서 2주일 이상 발효시킨다. 그러고 나서 천이나 옷가지를 몇 번씩 충분히 삶아 화학물질을 완전히 제거한 뒤, 황토물에 담갔다가 햇볕에 말린 뒤 헹구어 내고 다시 담그는 작업을 되풀이한다. 이렇게 제대로 황토 염색을 하는 데 걸리는 시간은 20일 정도.

이렇게 긴 시간이 걸리는 작업임에도 불구하고, 이들은 느리게 사는 삶이 좋다고 한다. 더딘 과정 뒤에 나오는 흙빛, 이 사람들이 반색하는 그 흙빛에 역시 어떤 비밀이 있나 보다.

흙을 바르는 사람들

'원인불명의 만성 난치성 피부 질환'.
수많은 아이들은 물론, 점점 어른들까지 얼굴, 등, 팔 어디 할 것 없이 온몸이 온통 벌겋게 화상을 입은 듯 괴롭게 만드는 병이 있다. 하지만 뾰족한 이유나 대책은 없다고 한다. 맞다. '원인불명의 만성 난치성 피부 질환'이란 흔히 현대인의 질병, 도시 질병이라 일컬어지는 아토피를 부르는 또 다른 긴 이름이다.

심한 공해, 아파트의 벽지와 마루에서 나오는 화학약품 때문이라고도 하고, 먹을거리가 오염되어서 그렇다고도 한다. 다양한 추측이 나오고는 있지만 아직까지 정확한 원인은 밝혀지지 않고 있다. 그러니 '원인불명', '난치성'이라는 무시무시한 병명을 붙일 수밖에. 하지만 아토피 질환이 자연과 멀리 떨어지고 화학물질에 둘러싸인 도시인에게 많이 생긴다는 진단에 대해서는 대부분 고개를 끄덕인다.

그래서 아토피에 걸린 많은 사람들은 '자연친화'를 치료법으로 삼고는 한다. 의식주를 꼼꼼하게 살펴보고 자연과 멀리 떨어진 생활 습관을 고치는 일부터 시작한다. 그 가운데는 이런 아토피 증상이 나타난 부위에 흙을 바르는 사람도 있다. 역시 흙 속에는 며칠이면 감쪽같이 낫는 비결도 숨어 있나 보다.

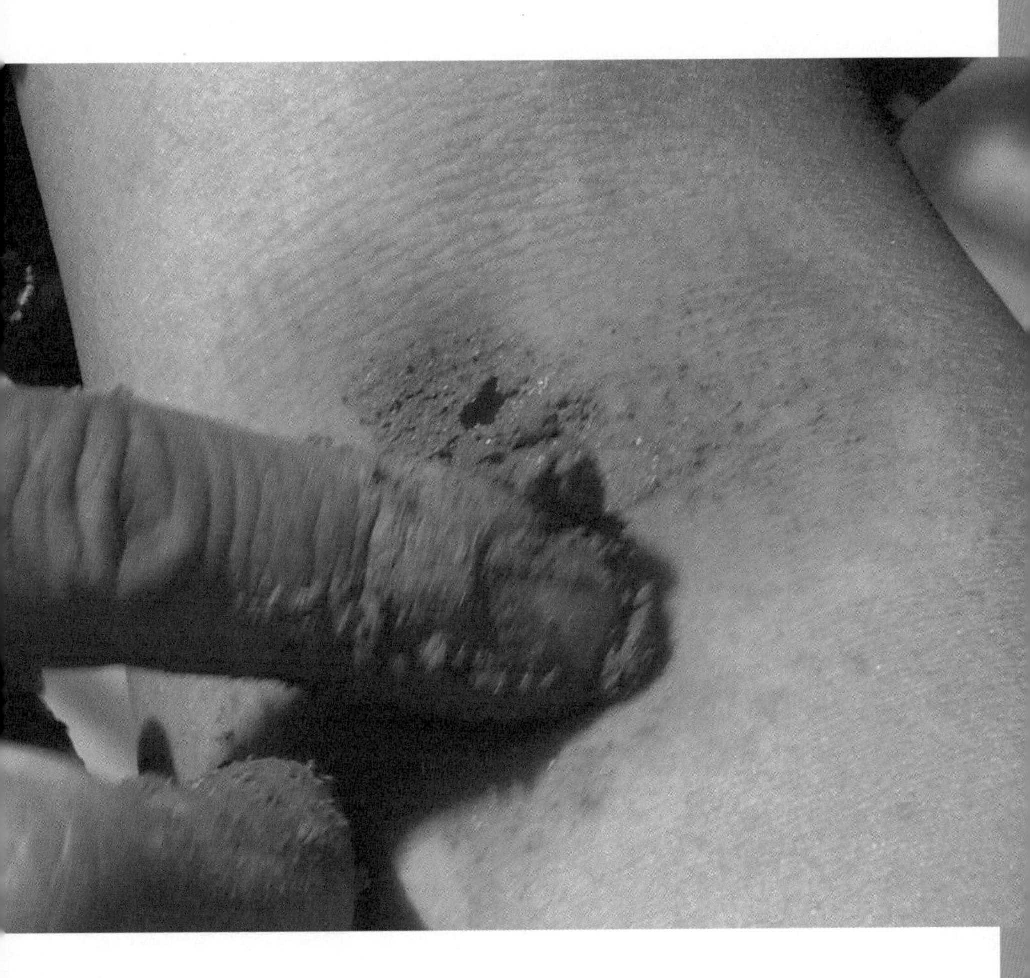

2

soil
food chain

흙에서 펼쳐지는 먹이사슬

얼마 전까지만 해도 헐벗은 몸으로 간신히 겨울을 난 식물들.
차가운 얼음을 뚫고 푸른 잎을 틔우고 꽃을 피우는 일은
흙과 보이지 않는 작은 생명들이 빚어낸 공동 작품이다.

그러나 흙을 무대로 한 이야기가 항상 이렇게 아름답지만은 않다.
흙은 어떤 녀석에게는 천국 같은 소중한 은신처가 되지만,
동시에 다른 녀석에게는 지옥이 될 수도 있기 때문이다.
그 어떤 드라마보다 극적인 흙에서 펼쳐지는 먹이사슬 이야기를 들어 보자.

화려한 꽃잎 아래 꿈틀대는 생명체들

겨울 지나 봄이 왔다.
언 땅이 녹고 새싹들이 나기 시작하면, 금세 화려한 빛깔을 한 꽃들과 짙게 초록빛이 올라온 잎들이 온통 땅을 뒤덮는 시간. 빛깔에 취하고 향기에 취하는 계절이다. 얼마 지나지 않아, 꽃들은 곤충과 바람의 도움으로 수술의 꽃가루를 암술에 옮기는 수분을 하고서는 새로운 생명의 탄생을 준비하리라.

허나 몇 달 전까지만 해도 이 화려한 꽃과 잎을 지닌 생명들도 헐벗은 몸으로 간신히 겨울을 난 식물들이었다. 과연 이 앙상한 식물들이 어떻게 이처럼 화려한 꽃들과 잎들을 만들어 낼 수 있었을까? 그 답은 바로 흙과 흙에 살고 있는 작은 생명들이 쥐고 있다. 참 놀라운 생명력이 아닐 수 없다.

세찬 바람과 한껏 무겁게 쌓인 눈에도 식물들은 쉽게 쓰러지지 않고

무사히 겨울을 난다. 식물은 땅속 깊이 뿌리를 내리고, 흙은 든든하게 그 뿌리를 붙잡아 준 덕분이다. 또한, 흙은 자기에게 온 생명을 맡기고 있는 뿌리가 물과 양분을 흠뻑 빨아올릴 수 있도록 길을 내주고, 숨 쉴 공간도 마련해 준다. 뿌리 근처 흙에 사는 미생물들은 식물이 먹기 좋게 유기물들을 잘게 분해해 주기까지 한다. 딱딱한 음식물들을 씹어서 먹기 좋게 새끼 입에 넣어 주는 어미처럼 말이다.

가을 지나 겨울을 나면서, 긴 세월 항상 그래왔듯이 서두르지 않지만 꾸준하게 흙과 주변 생명들이 함께 노력했기에 가능한 일이다. 흙과 작은 생명들의 도움이 없었다면 차가운 얼음을 뚫고 푸른 잎을 틔우고, 꽃을 피우고, 다시 새 생명의 탄생을 준비하는 일은 불가능했으리라.

자, 이제 빼곡하게 들어차 있는 형형색색의 꽃과 잎을 헤치고 눈을 그 아래로 돌려 보자. 그저 평범해 보이는 발밑에서 뜻밖의 넓은 세계를 발견할 수 있다. 흙을 둘러싸고 펼쳐지는 생명들의 먹이사슬 이야기, 그 천국과 지옥의 풍경.

곤충들의 소중한 은신처

들이나 산길을 지나다 보면 딱정벌레와 비슷하게 생기고, 마치 길 안내라도 하듯 앞에서 계속 날아가고 있는 곤충을 자주 볼 수 있다. 길에서 만나면 앞으로 수미터 날아가서 뒤쪽을 보고 앉았다가, 가까이 다가오면 다시 날아가는 동작을 되풀이한다고 해서 '길앞잡이'라고 불리는 곤충이다.

'비단길앞잡이'라고도 불리는 이 총천연색 길앞잡이 암컷이 지렁이 사냥을 하고 있다. 길앞잡이가 저돌적으로 덤비고 있지만 지렁이 역시 필사적으로 꿈틀대며 저항하고 있어, 꽤 힘겨워 보인다. 그런데

총천연색 길앞잡이 암컷이 지렁이 사냥을 하고 있다.

좀 이상하다. 암컷이 이토록 힘겹게 지렁이와 싸우고 있는데, 곁에 있는 수컷은 암컷을 돕지 않고 그저 수수방관하고 있다. 힘겨운 사냥을 끝내고 완전히 녹초가 된 암컷. 그런데 수컷은 아랑곳하지 않고 다가가 짝짓기를 시작한다. 오호라, 이 수컷의 관심은 오로지 짝짓기에만 가 있었기 때문에 암컷의 힘겨운 사냥 따위에는 무관심했나 보다.

결국 그토록 바라던 짝짓기를 끝낸 수컷은 또 어디로 갔는지 보이지 않는다. 암컷은 부드러운 흙을 골라, 꽁무니 끝으로 1센티미터가량 흙을 파고 알을 낳는다. 따뜻한 흙 속에서 열흘을 보낸 알들이 어느덧 정적을 깨고 움직이기 시작한다. 드디어 애벌레가 알을 깨고 꿈

멀찍이 암컷의 사냥을 보고 있는 수컷.

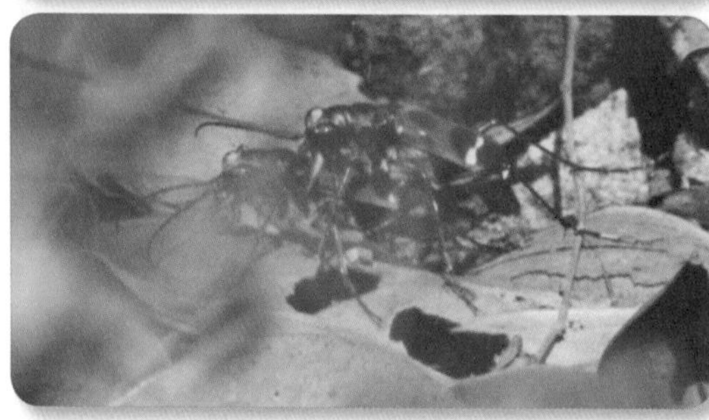

오로지 짝짓기에만 관심 있는 길앞잡이 수컷.

꽁무니 끝으로 흙을 파고 알을 낳는 암컷.

땅속에 낳은 길앞잡이의 알.

틀꿈틀 나오는 순간이다.

이렇게 자신의 알과 애벌레를 흙에게 맡기는 동물이 길앞잡이만은 아니다. 뽀얀 쌀알만 한 땅강아지의 알, 지름 2.5밀리미터의 작은 생명을 품은 자궁 역시 흙이다. 다 커도 몸이 3센티미터 정도밖에 안 되는 땅강아지. 하지만 이 녀석은 자기 몸보다 깊게 15센티미터 정도까지 땅을 파고 타원형 모양으로 알을 낳기 좋은 자리를 마련한 다음, 그곳에 평균 2백~3백50개의 알을 낳는다. 낳은 지 16~36일이 지나면 애벌레는 알을 깨고 나오고, 네 번 탈피를 하여야만 어른 땅강아지가 된다.

어떤 동물이든 그러하지 않겠냐만, 길앞잡이나 땅강아지처럼 작은 생명들은 살아남기 위해 더 힘든 투쟁을 할 수밖에 없다. 다 커서 하루하루 살아가는 일도 그러할진대, 알에서 성충으로 무사히 자라는 일은 더 힘들다. 호시탐탐 알과 애벌레를 노리는 천적을 피하고, 애벌레에게 먹이를 물어다 주면서 키워야 하는 길앞잡이나 땅강아지. 이 녀석들처럼 작은 생명들에게 흙은 더없이 소중한 은신처일 수밖에 없다.

종수와 개체수로는 따라올 자가 없는 곤충, 백만 종이 넘는 그 곤충들 가운데 95퍼센트 정도는 이렇게 생의 얼마 동안 꼭 흙 속에서 살

땅강아지 알의 부화 과정.

알에서 깨어난 길앞잡이 애벌레의 부화 과정.

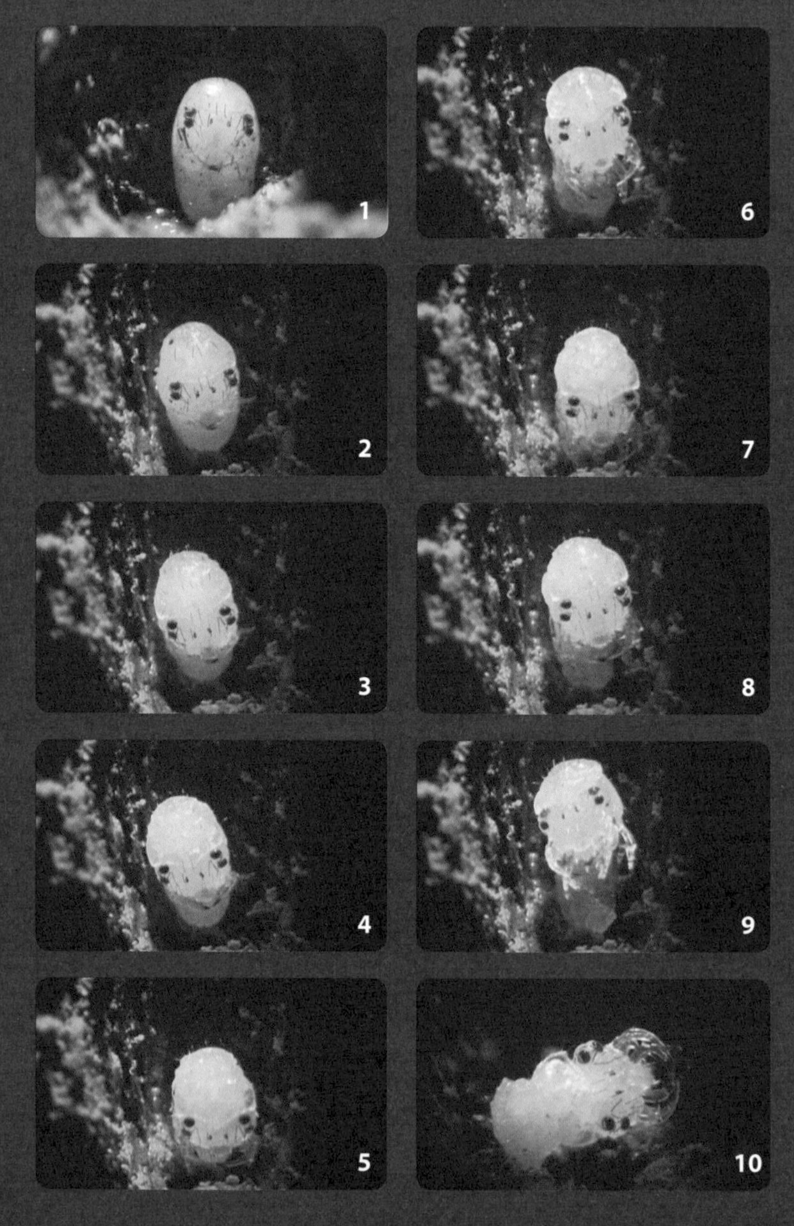

다가 밖으로 나간다. 또한 1천 평 정도의 흙이라면 길앞잡이, 땅강아지 같은 곤충의 알, 애벌레, 성충 등 적어도 5억 마리의 생명을 품고 있다니, 곤충들에게 흙은 진정 어머니 같은 존재이다.

길앞잡이 애벌레의 천국

드디어 알에서 깨어난 길앞잡이 애벌레는 누가 가르쳐 주지 않았는데도 본능처럼 수직으로 굴을 판다. 다 커도 2센티미터밖에 안 되는 녀석이 60센티미터 이상 깊게 판다니 뭔가 대단히 중요한 일을 하려나 보다. 그 중요한 일이 무엇인지는, 길앞잡이 애벌레의 영어 이름인 'tiger beetle'에서 약간 힌트를 얻을 수 있다. 호랑이처럼 무섭게 먹어 치우는 딱정벌레라니, 그만큼 길앞잡이 애벌레의 식탐이 대단하다는 뜻이리라. 그리고 그 식탐을 채우기 위해서는 무언가 특별한 사냥법이 있을 듯한데, 아마도 그 긴 굴 역시 사냥법과 관련이 있지 않을까?

길앞잡이 애벌레는 작은 녀석이 꽤나 사나운 얼굴을 하고 있다. 몸에 비해 커다란 얼굴, 불룩 튀어나온 눈이 아주 인상적이다. 역시나 이 녀석은 얼굴을 무기 삼아 사냥을 한다. 일단 길앞잡이 애벌레는 머리를 뚜껑 삼아 사냥감이 굴을 지나가기를 기다린다. 드디어 사냥

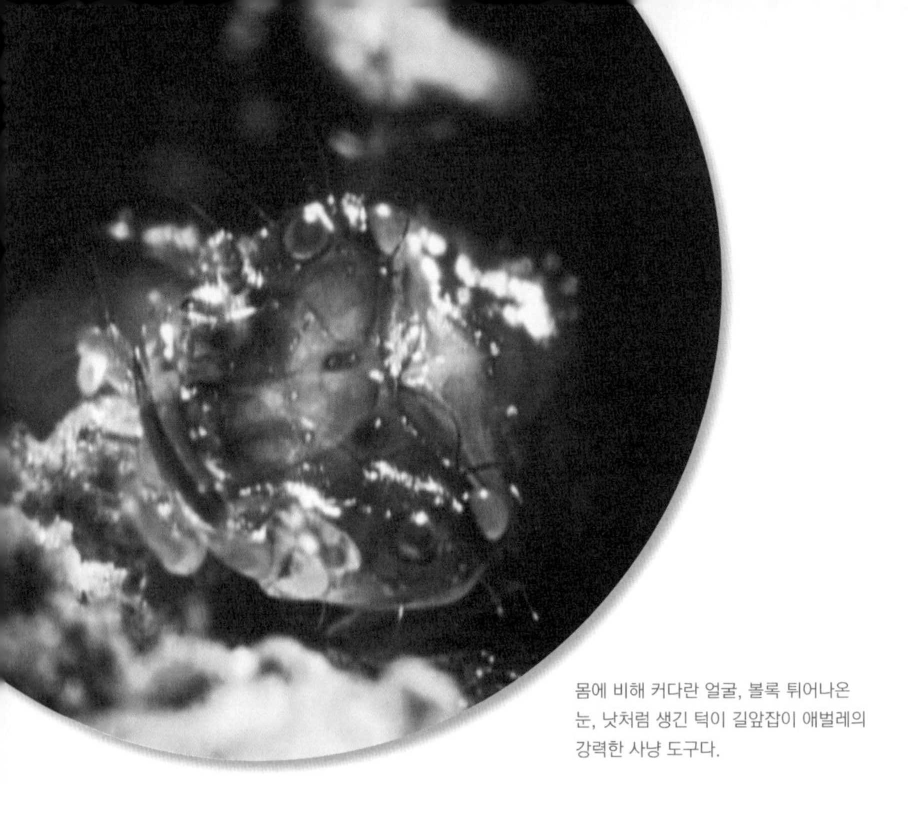

몸에 비해 커다란 얼굴, 볼록 튀어나온 눈, 낫처럼 생긴 턱이 길앞잡이 애벌레의 강력한 사냥 도구다.

감이 나타나면 낫처럼 생긴 그 큰 턱으로 잽싸게 물고 늘어져 집 안으로 끌어들이는데, 사냥의 첫 번째 포인트다.

또 배에 있는 1쌍의 갈고리는 굴 벽에 단단히 몸을 걸어, 먹잇감이 버둥거려도 자신은 굴 밖으로 끌려 나가지 않도록 한다. 사냥의 두 번째 포인트! 결국 길앞잡이 애벌레는 한번 낚아챈 먹잇감이 다시는 올라가지 못할 정도로 깊숙하게 끌어내리기 위해 알에서 깨어나자마자 그토록 깊게 굴을 팠던 것이다. 작고 어리게 보이는 놈이지만, 사냥법은 꽤 거칠고 끈질기다.

알에서 깨어난 길앞잡이 애벌레는 누가 가르쳐 주지 않았는데도, 본능처럼 수직으로 굴을 판다.

길앞잡이 애벌레는 머리를 뚜껑 삼아 사냥감이 굴을 지나가기를 기다린다.

길앞잡이 애벌레는 벽에 몸을 단단히 걸고 지옥 끝까지 먹잇감을 끌고 내려간다.

힘들게 흙을 파 만든 이 집은, 길앞잡이 애벌레에게는 천국이요, 먹잇감이 되는 곤충에게는 지옥인 셈이다. 그런데 한 가지 재미있는 사실은, 사람이 그 구멍 앞을 지나가면 길앞잡이 애벌레는 보통 숨어 버리는데, 기다란 풀을 드리우면 길앞잡이 애벌레가 덥석 물어, 낚을 수 있다는 점이다. 천국과 지옥을 만드는 영리한 녀석도 결국, 제 꾀에 제가 속아 넘어가는 꼴이라고 할 수 있다.

개미귀신이 파 놓은 지옥

바위 아래 여기저기 구멍이 나 있다.
길앞잡이 애벌레가 파 놓은 굴 입구보다는
조금 커 보이고 모양새도 약간 다르다. 왠지
길앞잡이 애벌레가 파 놓은 함정 만큼이나 수상쩍고 무언가 심상치 않은 일이 벌어질 것만 같은 모습.

가까이 다가가 보니 치열한 싸움이 한창이다. 개미는 모래 늪에서 빠져나오려고 발버둥을 치고, 사냥꾼은 사정없이 개미를 늪 안으로 끌어당기는 모양새가 누구 하나 죽지 않으면 끝나지 않을 성싶다. 드디어 사냥꾼이 연속해서 침으로 공격하고, 결국 침을 맞은 개미는 서서히 마비가 되면서 모래 늪으로 빠져든다. 상황 종료! 이 전투의

개미를 잡아먹는 명주잠자리 애벌레는 '개미귀신'이라고 불린다.

승자는 바로 강력한 턱을 무기로 하는 명주잠자리 애벌레이다.

이 명주잠자리 애벌레를 사람들은 흔히 '개미귀신'이라는 무시무시한 이름으로 부른다. 개미 입장에서는 한번 걸리면 결코 살아서 도망칠 수 없는 버거운 상대, 아예 마주치지 않았으면 하는 천적이다. 마찬가지로 한번 빠지면 결코 살아나올 수 없는 치명적인 덫, 개미귀신이 설치한 모래 늪은 '개미지옥'이라고 불린다. 길앞잡이 애벌레가 그저 깊숙하게 굴을 판 데 비해, 이 개미지옥은 이름에 걸맞게 꽤 정교하게 설계되어 있다. 좀 더 자세하게 살펴보자.

명주잠자리 애벌레의 턱은 강력한 무기다.

함정을 만들 때는 무엇보다 그 입지가 중요하다. 명주잠자리 애벌레는 그늘 밑 습기가 없는 곳, 모래처럼 푸슬푸슬한 흙이 있는 곳을 지옥 터로 고른다. 그래야 발이 자꾸 빠지고 힘껏 딛고 서 있을 수 없어, 함정에 빠진 먹잇감이 쉽게 탈출할 수 없을 테니까. 또 녀석은 배를 쟁기 삼아 깊이가 2.5~5센티미터, 폭이 2.5~7.5센티미터 정도 되는 깔때기 모양으로 함정을 파는데, 그 모양 역시 중요하다. 이렇게 경사지게 파면 먹잇감이 기어오르려고 할수록 푸슬푸슬한 흙이 가운데로 흘러내릴 테니까.

명주잠자리 애벌레가 파 놓은 함정.

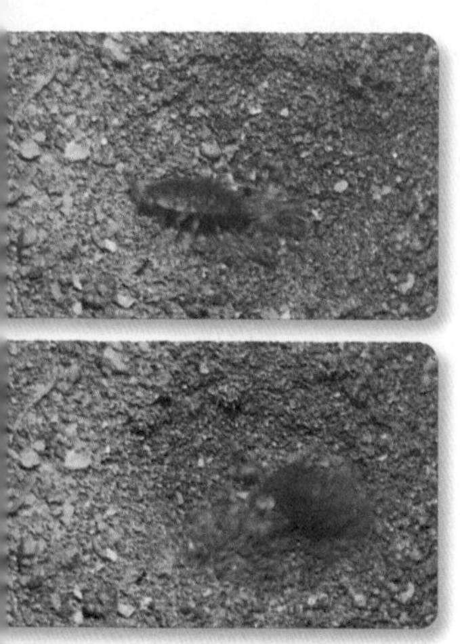

발버둥칠수록 먹잇감은 개미지옥 속으로 빠져든다.

흙을 파내고 함정을 다 만들고 나면, 명주잠자리 애벌레는 그 흙을 머리에 얹어 함정 밖으로 내다 버려 깔끔하게 마무리한다.
얼핏 보면 땅에 파인 평범한 구멍이지만, 참 열심히, 나름 과학적으로 정교하게 설계한 함정이다. 불과 15분이면 완성되는 부비 트랩, 그 성능은 참 가공할 만하다.

자, 이제 함정도 다 팠으니 온몸의 신경을 곤두세우고 먹잇감이 지나가기만 기다리면 된다. 녀석은 머리와 가슴을 합친 것보다 더 큰 집게 모양의 큰 턱만 살짝 내민 채 먹잇감을 기다린다. 명주잠자리 애벌레는 몸 전체가 레이더처럼 아주 예민해서 먹잇감이 함정에 빠지면 미세한 진동을 느끼고는, 먹잇감이 정신 차리고 도망갈 틈도 주지 않고 모래를 퍼붓는다.

한번 빠지면 웬만해서는 빠져나오기 힘든 개미지옥, 그 속으로 먹잇감이 빠지면 명주잠자리 애벌레는 크고 강력한 턱으로 먹잇감을 문 채 소화액을 주사한다. 잠시 뒤, 껍데기 안쪽에서 체액은 액즙으로 변하고, 녀석은 빈 껍데기만 남을 때까지 빨아먹는다. 식사를 마친 명주잠자리 애벌레는 빈 껍데기에 소화된 배설물을 가득 채워 멀리 버린다. 자기 집은 깨끗하게 청소하겠다는 속셈이다. 함정을 팔 때처럼 식사를 마치고 난 다음 뒷마무리도 역시 깔끔한 녀석이다.

하지만 명주잠자리 애벌레를 그저 욕심 많은 대식가로만 본다면 오해일지도 모른다. 다 자란 성충은 많이 먹지 않기 때문에 애벌레 때 충분하게 먹어 두어야 한다는 것이다. 이 정도라면 백발백중의 무시무시한 개미지옥을 만들어 놓고 사냥을 하는 이유를 조금은 이해해 줘도 되지 않을까? 이 깔때기 모양의 흙 집은, 개미에게는 무시무시한 지옥이지만, 명주잠자리 애벌레에게는 남부럽지 않은 깨끗한 천국이다.

어둡고 축축하지만 행복한 동물들

물론 요즘에는 여러 가지 이유로 많은 사람들이 대도시의 아파트를 선호하지만, 그저 좋아하는 곳을 꼽으라고 한다면 도시, 산, 바다, 평야, 사람들마다 다 다를 것이다. 작은 곤충들, 동물들도 마찬가지

여서, 명주잠자리 애벌레처럼 푸슬푸슬한 흙을 좋아하는 녀석이 있는가 하면, 아예 사막 같은 곳에서 사는 녀석도 있고, 진흙이 그 어떤 곳보다 좋은 녀석도 있다.

그리고 사람들이라면 절대 살고 싶지 않은 집, 햇볕도 안 들고, 습도도 높아 축축한 곳, 낙엽 아래를 좋아하는 녀석들도 있다. 이 작은 동물들에게는 먹이도 많고, 수분도 풍부한 낙엽 아래만 한 명당이 따로 없다. 그곳에서 희노애락을 겪고 있는 녀석들은 누구인지 한번 살펴보자.

예전에는 종종 방 안까지 드나들고 수많은 다리 때문에 무시무시한

낙엽 아래는 햇볕도 안 들고, 습도도 높아 축축하지만, 어떤 녀석들에게는 천국과도 같은 곳이다.

지네

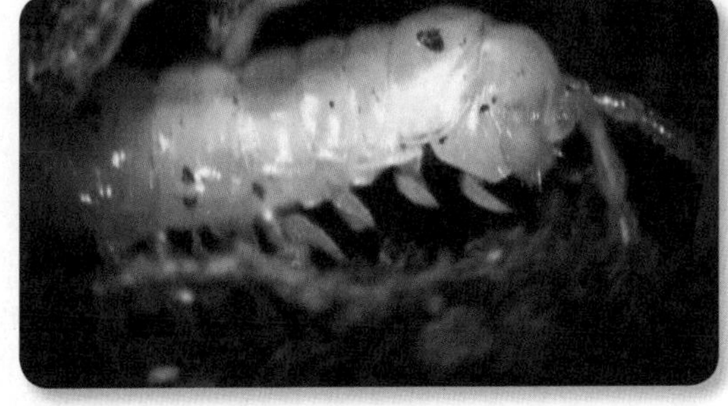
노래기

지네로 착각하게 만들어 사람들을 놀래 주던 곤충이 있다. 바로 노래기이다. 마디마다 두 쌍씩 다리가 달려 있는 노래기는 축축한 곳을 좋아한다. 또한 노래기는 썩기 시작한 잎을 먹기 때문에 노래기에게 낙엽 아래는 그야말로 천국이라고 할 수 있다. 물론 지네와 달리 노래기는 사람을 쏘거나 물지 않는다. 다만 고약한 냄새를 풍겨서 불쾌감을 줄 뿐이다.

보기 좋은 노란 빛에, 넙적한 몸을 가진 와충류. 대부분 물에서 생활하는 녀석들이지만 가끔 습도가 아주 높은 곳이라면 지상에서 생활

와충류는 편평하고 납작한 모양이 특징이다.

하기도 한다. 얼핏 봐도 축축하고 끈적끈적한 느낌이 든다. 점액질을 내서 거친 흙 위를 미끄러지듯 다니기 때문이다. 흡사 모양새가 뱀 같기도 하다.

몸길이가 현미경으로나 볼 수 있는 아주 작은 것에서부터 60센티미터를 넘는 놈까지 다양한데, 대부분은 1센티미터가 안 되니 뱀으로 착각하기에는 좀 작다. 편평하고 납작한 모양이 특징인 와충류는, 그 꼴이 뱀처럼 길다란 놈도 있지만, 송곳처럼 생긴 놈, 타원처럼 생긴 놈, 잎 모양을 한 놈 등 다양하다.

가끔 놀이동산에 가면 포장마차에서, 컵에 담아 작은 소라같이 생긴 녀석을 간식거리로 판다. 하나씩 들고 쪽쪽 빨아먹는 그 녀석들은 댕가리, 갯고둥, 갯비틀이고둥이라는 놈들로, 복족류에 속한다. 대부분 나사 모양을 한 껍데기를 갖고 있는데, 연체동물 가운데서는 그 종류가 가장 많다. 소라 역시 복족류에 속한다.

복족류 가운데는 축축하고 어두운 곳이라면 흙 위에 터를 잡고 사는 놈들이 있다. 가시대고둥, 입술대고둥 같은 녀석들이다. 녀석은 복족이라 불리는 발바닥에서 분비되는 점액을 뿌리면서 미끄러지듯 이동하고, 치설齒舌을 이용해 이끼나 반쯤 썩은 가랑잎, 나무둥치 등을 먹는데, 못 먹는 것이 거의 없다.

가시대고둥

입술대고둥

와충류나 복족류와는 달리, 몸길이가 5밀리미터도 채 안 돼 아주 자세히 관찰하지 않으면 보기 힘든 놈들도 있다. 곰팡이, 세균, 조류 같은 것을 좋아하는 톡토기, 응애 같은 녀석들 말이다. 이놈들 역시 축축한 낙엽 아래를 좋아한다. 낙엽 아래 터를 마련하는 순간, 먹이는 지천이고 다 차려진 밥상이니 이 녀석들에게는 그저 깨끗이 먹어 치워 청소하는 일만 남은 셈이다.

특히 이름처럼 바지런하게 움직이는 톡토기는 지렁이처럼 흙 속의 유기물을 먹는 대표적인 토양 동물이다. 이 녀석은 알려져 있는 가장 오래된 곤충 화석에서도 나타난다. 이처럼 톡토기 같은 녀석들이 흙 속의 유기물, 죽은 식물 등을 깨끗하게 먹어 치운 덕분에 흙은 한결 홀가분해지고 물질 순환이 빨라져, 더 건강하게 된다.

응애는 흙을 건강하게 해 주는 녀석이지만, 인간에게는 좀 골치 아픈 놈이라고 할 수 있다. 그렇다고 모든 응애가 인간에게 해로운 곤충인 것은 아니다. 다양한 종을 자랑하는 응애류 가운데 몇 종은 과일나무에 기생하면서 잎과 열매를 먹어 치우거나 가축에 기생하여 병균을 옮겨 인간을 괴롭히고는 한다. 더구나 살충제에 무척 저항력이 강해 방제하기가 힘들어 속을 썩이는 것이다. 응애는 'red spider'라는 이름처럼 자신이 살고 있는 식물에 성긴 명주실 그물을 치기 때문에 때때로 작은 거미로 오인되기도 한다.

혹무늬톡토기

어리톡토기

털보톡토기

언뜻 보이는 집게발. 크기는 겨우 2~3밀리미터 밖에 안 되지만, 제법 무섭게 전갈 흉내를 내는 녀석이 있다. 그래서 의갈류라고 부르기도 하는 앉은뱅이 말이다. 추운 지방을 제외하면 전 세계에서 볼 수 있고, 대부분은 나무껍질이나 돌 밑에서 사는데 책이나 오래된 궤짝에서도 가끔 볼 수 있다. 잘 보면 무시무시한 전갈의 꼬리가 없으니 혹시 전갈 새끼가 아닐까 지레 겁을 먹지 않아도 된다.

몸길이가 2~3밀리미터인 앉은뱅이가 좋아하는 먹잇감은 몸길이가 1밀리미터밖에 안 되는 자기보다 조금 더 작은 응애. 인간이 보기에는 1~2밀리미터밖에 차이가 안 나지만, 응애 입장에서는 자기보다 두 배 이상 큰 녀석일 테니, 앉은뱅이는 당연히 무시무시한 천적으로 보이지 않을까.

곰팡이나 조류 등을 먹는 톡토기와 응애, 그 톡토기와 응애를 먹는 앉은뱅이, 사람 눈으로 확인할 수 있는 가장 작은 생명들의 세계에서도 치열한 생존경쟁이 벌어지고 있다. 하지만 그들이 우리에게 무엇인가 직접적인 해를 끼치거나 커다란 행복을 주지 않는 한, 우리는 대부분 이 밀리미터 세계를 잊고 산다.

앉은뱅이가 가장 좋아하는
먹잇감은 응애다.

평생의 기다림, 지상에서 보낸 찰나

일생의 대부분을 흙 속에서 보내는 매미. 매미는 나무뿌리 아래 축축한 흙 속에서 애벌레 시절을 난다.

애벌레는 나무뿌리에 바늘 같은 입을 박고 즙을 빨아먹으며 자라며, 그동안 허물벗기를 계속하면서 성장한다. 대부분 땅속에서 4~5년, 길게는 17년을 보내는 매미 애벌레가 드디어 땅위로 나와 탈바꿈을 한다.

허나 평생의 기다림 끝에 새롭게 시작한 지상의 삶은 고작 일주일에서 열흘! 열흘을 위해 평생을 땅속에서 보낸 매미의 삶 자체가 바로 드라마다.

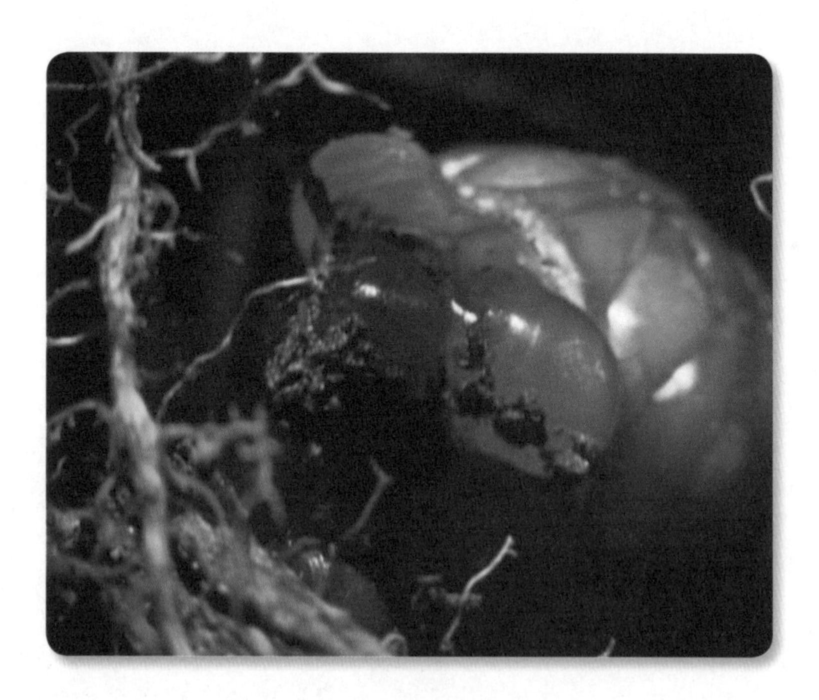

우화, 끈질겼던 땅의 중력을 벗어나다!

유난히 길고 하얀 몸뚱아리, 시장통에서는 보통 굼벵이라고 불리며 팔리는 흰점박이꽃무지 애벌레. 흰점박이꽃무지는 알에서 애벌레가 되고, 고치 속에서 번데기 상태에서 성충이 되는 완전탈바꿈 과정을 잘 보여 주는 곤충이다.
번데기 상태로 한 달째, 드디어 흰점박이꽃무지가 되기 위해 진통을 겪고 있다. 까만 날개, 등의 흰점박이가 점점 뚜렷해진다. 드디어 온몸에 힘이 생기게 되면 흰점박이꽃무지는 밖으로 나온다. 땅속에서 세 계절을 보냈던 흰점박이꽃무지는 이 힘겨운 우화번데기가 성충이 되는 날개돋이의 과정을 통해, 그 끈질겼던 땅의 중력에서 벗어난다.

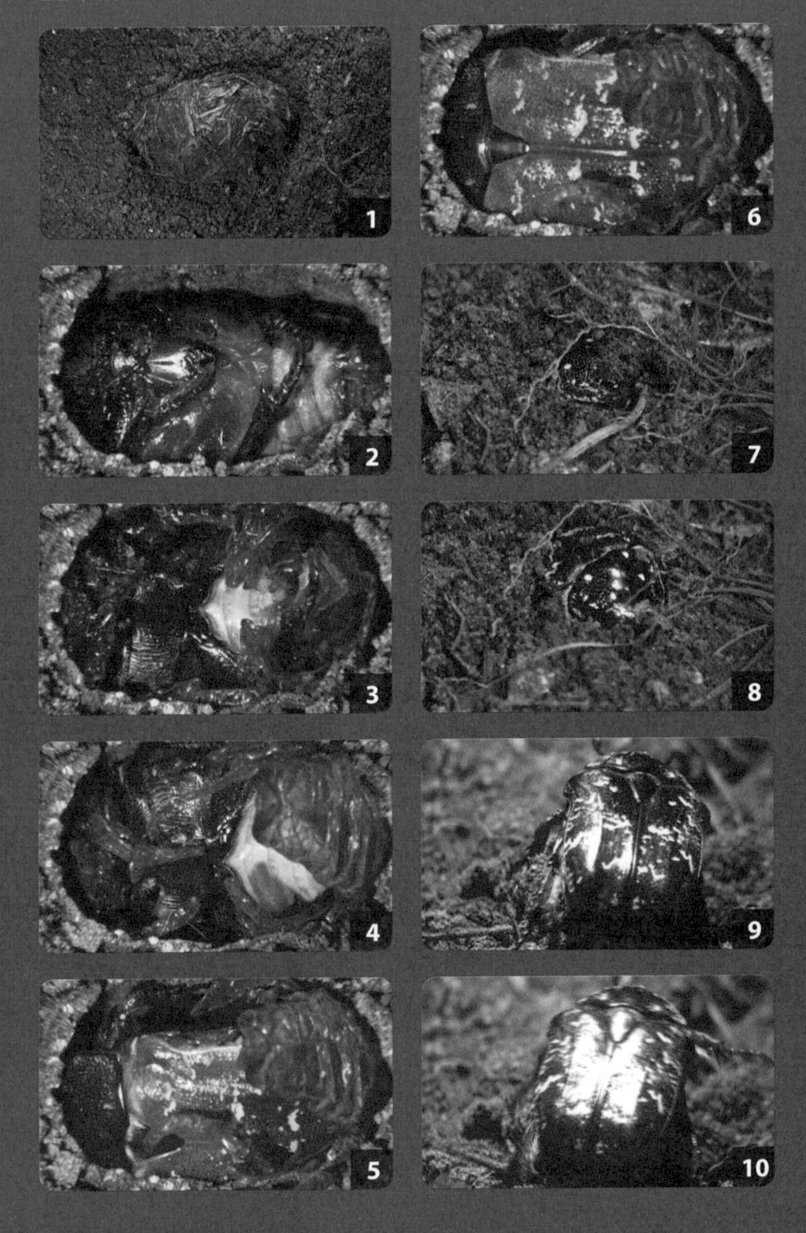

흰점박이꽃무지의 우화 과정

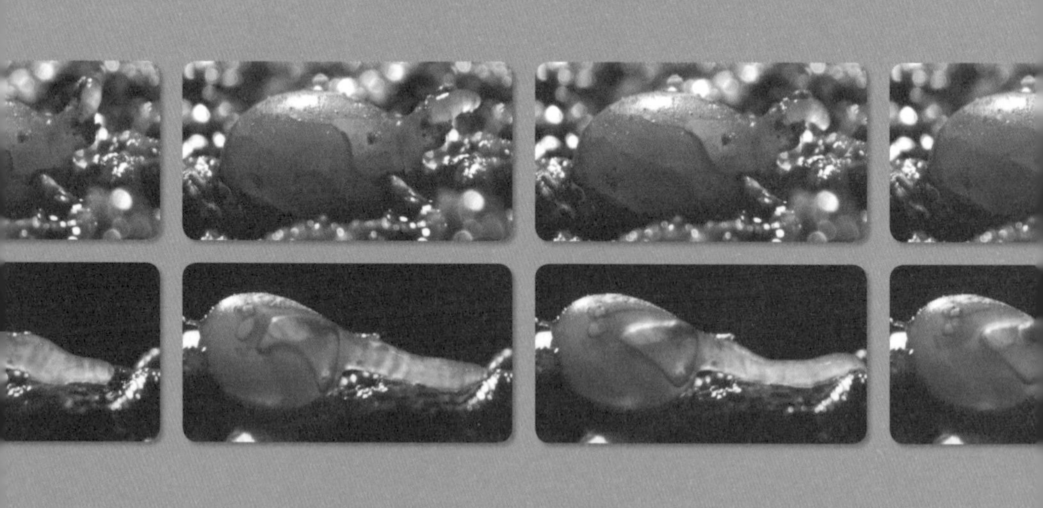

3

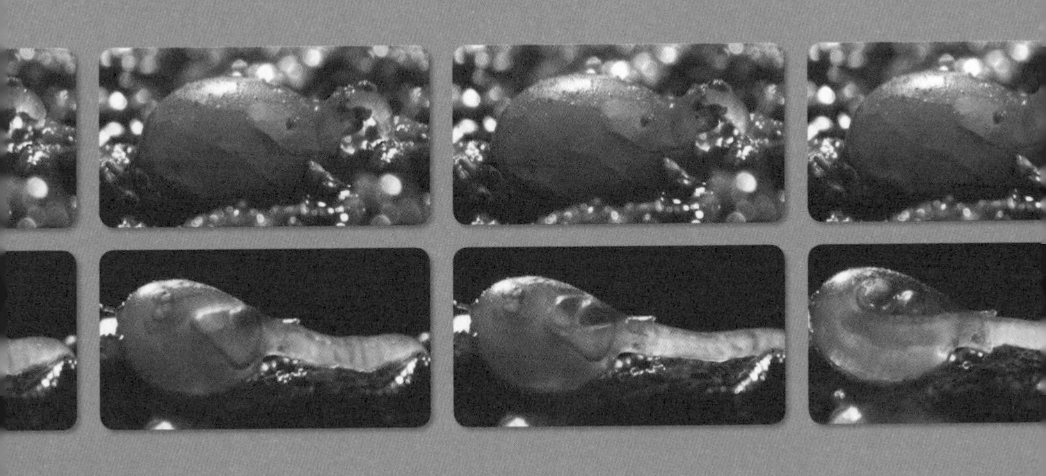

soil
earthworm

흙을 살리는 지렁이

평생을 거의 땅속에서 살며, 흙을 살리는 녀석이 있다.
흙에게 빚졌다거나 남달리 마음씨가 착해서 그런 기특한 일을 한다고
오해하지는 말자.
본능에 충실하게 살다 보니, 흙에 숨결을 불어넣어 주고,
영양분을 주었을 뿐이다. 흙은 그저 고마울 따름이다.

지렁이가 바로 그 주인공이다.
아무리 거대한 농기구도 30센티미터 이상 땅을 파기는 어렵다고 한다.
하지만 지렁이는 보통 1미터, 겨울잠을 잘 때는 3미터 이상 땅을 판다고
하니, 그 어떤 농기구보다 낫다고 할 수 있다.
자, 이 녀석의 이야기를 한번 들어 보자.

흙 탑의 비밀

메마른 도시의 아스팔트를 벗어나 울퉁불퉁한 시골 길을 지나다 보면, 주위에 펼쳐진 밭 가운데 간혹 띄엄띄엄 쌓여 있는 자그마한 흙 탑들을 볼 수 있다.

조금만 더 가까이 가서 보자. 그저 아이들 흙장난으로 지나쳐 버리기에는, 작고 길쭉한 덩어리들이 나름대로 제법 질서정연하다. 집으로 치자면 벽돌이라고 할 수 있는 작은 덩어리의 크기를 보니 흙 탑을 만든 주인공은 사람의 손가락보다 작은 녀석일 테고, 정성스럽게 지은 모양새를 보니 흙이 생활 터전인 녀석이리라. 과연 이 탑을 만든 녀석은 누구일까?

이 탑을 만들고, 그 안에 살고 있는 녀석은 다름 아닌 꼬불꼬불 지렁이다. 비오는 날 마주치면 움찔 물러서게 되고 그저 징그러운 동물로만 여겼던 그 지렁이. 옛날 사람들은 지렁이를 '디룡이'라고 부르

흙 탑을 쌓은 주인공은 다름 아닌 꼬불꼬불 지렁이다.

고, 한자로 지룡地龍이라고 썼다고 한다. 그저 느릿느릿 꿈틀대는 작은 동물로만 알아 왔던 지렁이가 '땅에 사는 용'이라고? 또 자기 몸의 몇 배나 되는 정교한 흙 탑을 쌓은 주인공이 지렁이라고?

어쩌면 지렁이는 우리가 미처 몰랐던 놀라운 힘을 숨기고 있는지도 모른다. 자, 그럼 조금만 허리를 숙이고 지렁이가 어떻게 흙 탑을 쌓는지, 왜 흙 탑을 쌓는지 살펴보자. 이 녀석이 숨기고 있는 비밀은 무엇인지까지 꾸불꾸불 한번 따라가 보자.

똥이 된 흙

흙 탑을 조금만 더 들여다보자. 꽤 단단해 보이고 윤이 난다. 그렇다. 지렁이가 만든 흙 탑이라고 했지만, 사실 이 탑의 재료는 우리가 흔히 보는 그런 흙이 아니다. 조금은 특별한 흙이다. 도대체 흙의 변신은 어떻게 일어났을까?

흔히들 지렁이를 보면서 흙 먹고 산다고 하는데, 이는 반은 맞고 반은 틀린 말이다. 분명 지렁이는 흙을 먹는다. 하지만 실제로 지렁이

지렁이는 축축한 낙엽을 좋아한다.

가 먹이로 먹는 것은 썩은 낙엽이나 동물의 배설물이기 때문이다. 지렁이는 보통 낮 동안에는 자신이 파 놓은 구멍 속에 숨어 지내다, 밤이 되면 몸통의 절반을 땅위로 내밀고 썩어 가는 낙엽 같은 유기물을 삼키거나 구멍 속으로 끌어들인다. 여기서 잠깐, 그저 기다란 빨대처럼 보이는 지렁이는 어떻게 음식을 먹을까?

지렁이를 자세히 보면 기다란 몸에 일정한 간격으로 홈 같은 게 나 있는 것을 볼 수 있다. '환절'이라고 부르는 토막들인데, 이러한 백여 개의 환절로 몸이 이루어진다는 점이 지렁이와 같은 환형동물의 가장 큰 특징이다. 맨 앞쪽에는 입과 입주머니가 있으며, 이 입주머니는 입을 보호하고 흙 속의 갈라진 틈을 헤집는 데 쓰인다. 조그마한 구멍 같은 입으로는 유기물이 섞인 흙이나 찌꺼기, 또는 땅위의 식물성 찌꺼기를 삼킨다. 아랫입술과 입천장으로 꽉 잡고 깨끗이 청소하듯 식사를 하는 것이다.

그러고는 배설을 한다. 지렁이는 머리를 아래로 하여 자기가 파 놓은 구멍 바닥에 있는 흙을 삼킨 뒤, 항문을 구멍 밖으로 내고 구멍 주위에 작은 똥 알갱이를 한 개씩 규칙적으로 배설한다. 한 줄이 끝나면 항문을 내밀어 앞 줄 위에 규칙적으로 배설하여 결국은 원뿔 모양의 배설물 덩어리가 만들어지게 된다. 그런데 힘들게 굳이 흙까지 같이 먹고 배설하는 이유는 무엇일까?

바로 지렁이의 독특한 식생활 때문이다. 지렁이는 이빨이 없기 때문에 먹이와 함께 흙을 삼켜 먹이를 잘게 부수도록 한다. 이렇게 지렁이 몸으로 들어간 흙은 소화기관을 지나 항문으로 배설되면서 180도 탈바꿈을 하게 된다. 쉽게 말하면 흙 탑의 재료는 바로 지렁이 배설물, 똥이다. 겉모양은 입으로 들어가기 전의 흙과 비슷해 보이지만, 이 똥은 결코 예전의 그 흙이 아니다.

또한 요즘 농약을 안 치고, 건강하게 농사를 짓는 사람들은 이 똥을 '분변토'라고 부르며 귀하게 대한다고 한다. 푸짐한 소똥도 아니요, 천연 거름인 사람 똥도 아닌 고작 손가락만 한 지렁이가 싼 똥을 말이다. 뭔가 대단한 변신을 한 모양인데, 도대체 무슨 일이 일어난 것일까?

기름진 지렁이 똥

식사를 시작한 지렁이는 우선 먹이와 흙을 소화기관으로 보낸다. 그러면 소화기관에서는 사람의 위처럼 소화액을 내어 먹이를 아미노산과 당분 등 단순한 유기물로 바꿔 몸에 흡수되기 좋게 만들고, 또한 이때 각종 미생물들 역시 먹이의 분해를 돕는다.

흙 탑의 재료는 바로 지렁이 배설물, 똥이다.
겉모양은 입으로 들어가기 전의 흙과 비슷해 보이지만,
이 똥은 결코 예전의 그 흙이 아니다.

2
3
4
8
9
10
14
15
16
20
21
22
26
27
28

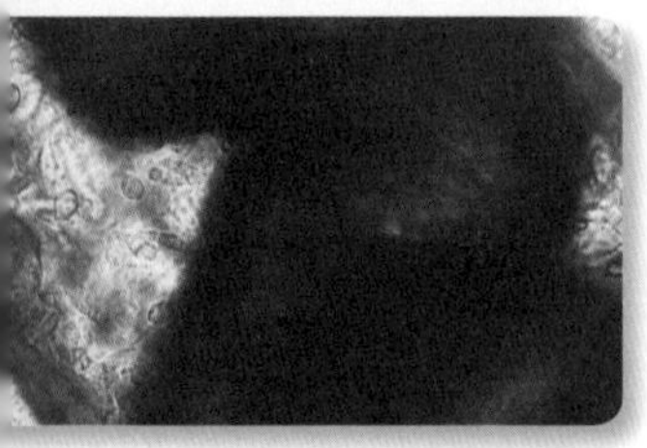

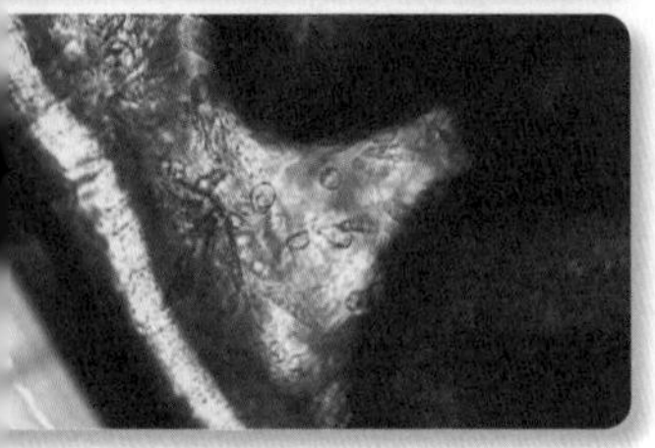

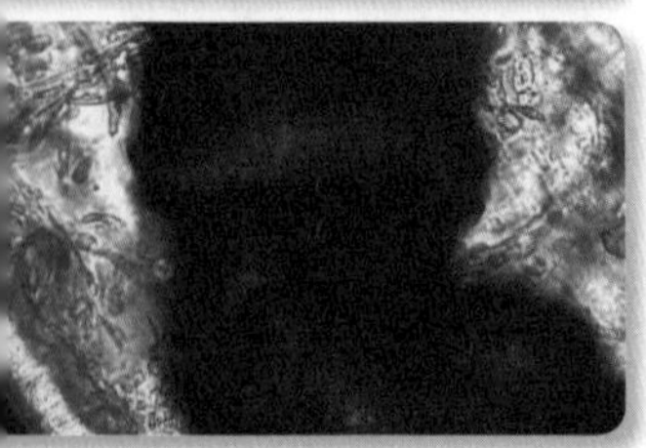

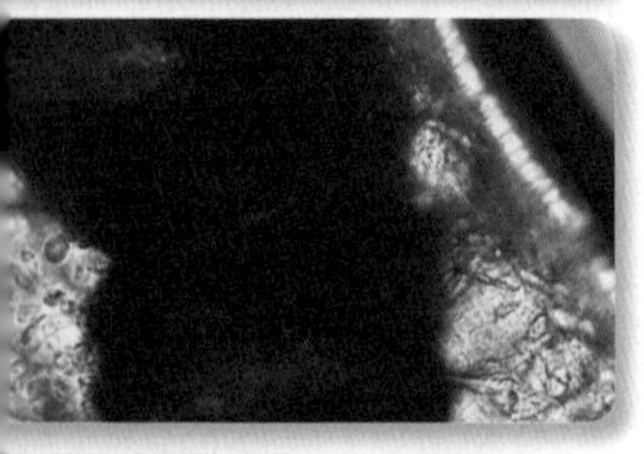

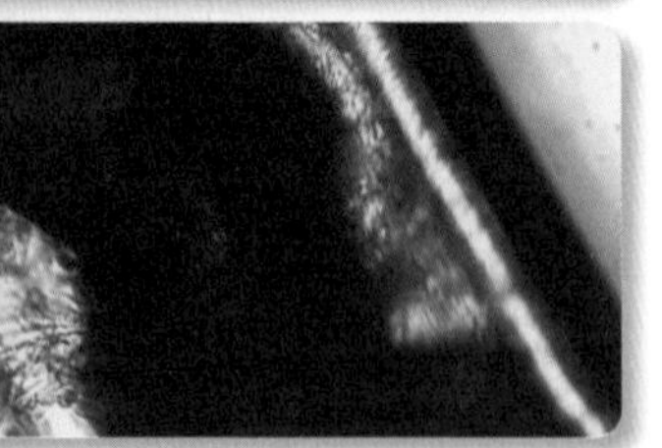

지렁이 몸을 거치고 난 먹이는 기름진 영양분으로 180도 탈바꿈을 한다.

이렇게 준비 작업이 끝난 먹이와 흙은 두터운 근육으로 된 모래주머니로 보내진다. 그곳에서 먹이가 더 잘게 부서져 흡수되기 좋은 상태가 되면 드디어 장으로 가서 몸 구석구석에 배달된다. 이렇게 살아가는 데 필요한 영양분을 흡수하고 나면, 나머지는 항문을 통해 배설한다.

사실 지렁이가 먹은 동물의 똥이나 식물의 잎은 그 자체로는 흡수되기 어려워 영양분으로 쓰이기 힘들다. 하지만 이렇게 지렁이를 거치고 난 먹이는 식물이 흡수하기 좋고, 다양한 미생물이 살고 있어서 땅속의 다른 유기물들을 쉽게 분해하는 똥이 된다. 기름진 영양분으로 180도 탈바꿈을 하는 것이다. 더구나 다행인지 불행인지, 소화 흡수율이 상당히 떨어지는 지렁이는 애써 분해한 먹이를 대부분 배설한다.

요즘 흙이 화학비료나 산성비 때문에 많이 산성화되어 있다는 이야기를 많이 한다. 화학비료나 산성비 때문에 땅이 영양분을 잘 흡수하지 못하거나 미생물이 살기 어렵도록 비실비실해졌다

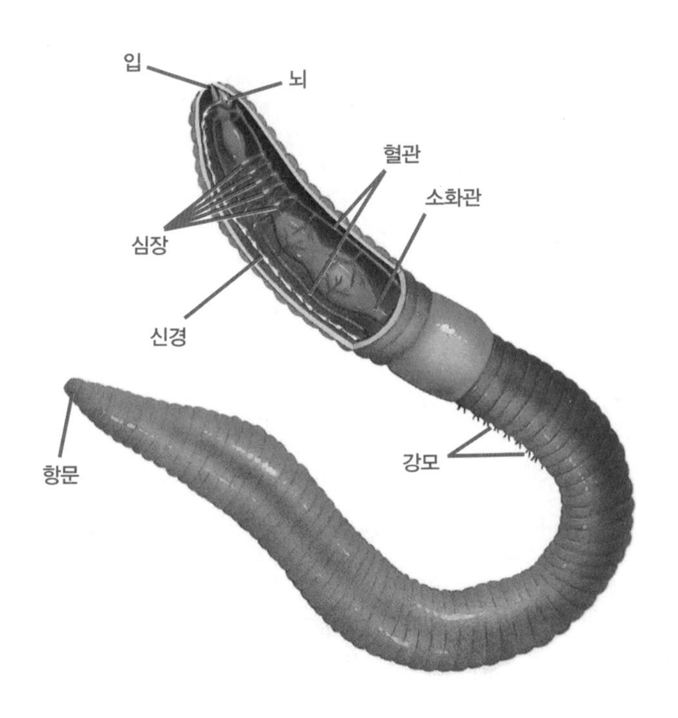

는 뜻이다. 그런데 지렁이 똥은 탄산칼슘과 암모니아라는 성분을 갖고 있어 산성화된 흙을 다시 건강하게 만들어 준다고 한다. 참, 여러모로 쓸모가 많은 똥이 아닐 수 없다.

튼튼한 지렁이 똥

영양 만점인 지렁이 똥의 매력이 여기까지라고 생각하면 지렁이가 섭섭해할지도 모르겠다. 지렁이 똥은 흙을 건강하게 하는 굉장히 중요한 또 다른 일도 하기 때문이다. 지렁이 똥은 버슬버슬 부스러지지 않고, 된 밀가루 반죽처럼 잘 뭉쳐 있다. 또 이 알갱이 덩어리는 비료나 물을 잘 머금고, 공기가 잘 통하는 성질을 갖고 있어서, 흔히 하는 말로 '힘 있는 땅'을 만드는 데 큰 역할을 한다. 물을 잔뜩 머금고 있는 스펀지를 생각하면 된다. 크고 엉성했던 먹이가 지렁이 몸을 거치면서 아주 작고 단단한 알갱이로 바뀌기 때문이다.

어떻게 이런 단단한 알갱이 덩어리가 될까? 지렁이 똥은 항문을 거쳐 배설되기 전에 장에 잠시 머물게 되는데, 이때 장에서 흙과 영양분이 엉키고, 막에 싸인 단단한 알갱이 형태로 만들어진다. 또, 이것들이 서로 꽁꽁 뭉쳐서 배설되기 때문에 물속에서도 6개월, 보통 흙 위에서도 5년 정도가 되어도 부서지지 않는다. 농구공처럼 큰 공과 공 사이의 틈과 탁구공처럼 작은 공과 공 사이의 틈을 생각해 보면 지렁이 똥이 왜 더 촘촘하고 단단하게 뭉쳐 있는지 쉽게 알 수 있다.

또한 이런 작은 알갱이들 사이 틈은 식물의 잔뿌리가 뻗어 나가거나, 땅에 도움이 되는 미생물들이 붙어살기에 좋은 공간이 되기도 한다. 지렁이가 먹은 낙엽 한 장의 표면적이 1백80제곱밀리미터라고 했을 때, 지렁이가 이 낙엽을 먹어 분해하고 나면 그 표면적이 몇천, 몇만 배가 된다고 한다. 이 분해물을 먹고 사는 미생물 입장에서는 엄청난 보물을 만난 셈이지 않겠는가.

지렁이 똥은 흙과 식물에게는 훌륭한 영양제요, 그 똥으로 만든 탑은 비가 와도 떠내려가지 않고, 천적이 와도 타고 넘지 못하게 하는, 지렁이의 천연 요새라고 할 수 있다.

작고 단단한 알갱이가 모여 있어 흙 탑은 쉽게 무너지지 않는다.

잘 먹고 잘 싸는 지렁이

그런데 아무리 지렁이 똥이 좋다고 한들, 드넓은 땅을 생각해 보면 작은 지렁이가 싸는 똥은 새발에 피요, 뭐 대수인가 싶기도 하다. 허나 이 녀석이 하루에 먹어 치우는 양과 싸는 양을 보면 꼭 그렇지만도 않다.

지렁이는 하루에 얼마나 먹을까?
일반적으로 개는 하루에 자기 몸무게의 2퍼센트 정도를 먹고, 닭이나 토끼는 4퍼센트, 사자가 8퍼센트, 하마가 50퍼센트를 먹는다고 한다. 그런데 몸무게 0.4그램인 지렁이는 하루에 0.4그램씩 먹는다. 거의 자기 몸무게만큼 먹어 치우는 대단한 녀석이다. 그러고 나서 하루에 자기 몸무게 두 배 정도인 0.8그램 정도 똥을 싸고, 어떤 종은 사나흘 동안 20~25센티미터 정도 높이로 똥 탑을 쌓기도 한다니, 참 엄청나게 먹고 엄청나게 싸는 놈이다!

이토록 잘 먹고 잘 싸는 지렁이가 또 하나 쉴 새 없이 뿜어내는 게 있으니 바로 오줌이다. 지렁이의 몸 표면이나 지렁이가 파 놓은 굴의 벽면을 잘 보면 항상 끈적끈적하게 젖어 있음을 알 수 있다. 이는 바로 몸속 대사활동의 결과로 나온 점액이다. 그 주성분은 질소질 비료의 주성분과 같은 암모니아여서 작물에 많은 영양분을 공급

한다. 또 지렁이 오줌은 살균력이 좋아, 식물이 자라는 데 해를 끼치는 세균을 죽이는 역할도 한다. 이와 같은 오줌의 영양분과 살균력 덕분에, 식물이 자라는 데 도움을 주는 미생물들이 흙에 모여들고, 또 이들을 잡아먹는 벌레와 미생물들도 늘어나게 된다. 한마디로 지렁이는 다양한 생물들이 아옹다옹 살아가는 진짜 흙을 만드는 일등공신이라고 할 수 있다.

농사꾼 지렁이

이처럼 잘 먹고 시원시원하게 잘 싸는 지렁이 녀석은 힘 또한 천하장사다. 지렁이가 살고 있는 땅은 서울 같은 대도시의 지도처럼 얼

지렁이의 몸과 지렁이가 지나는 길은 지렁이 오줌으로 항상 끈적끈적하게 젖어 있다.

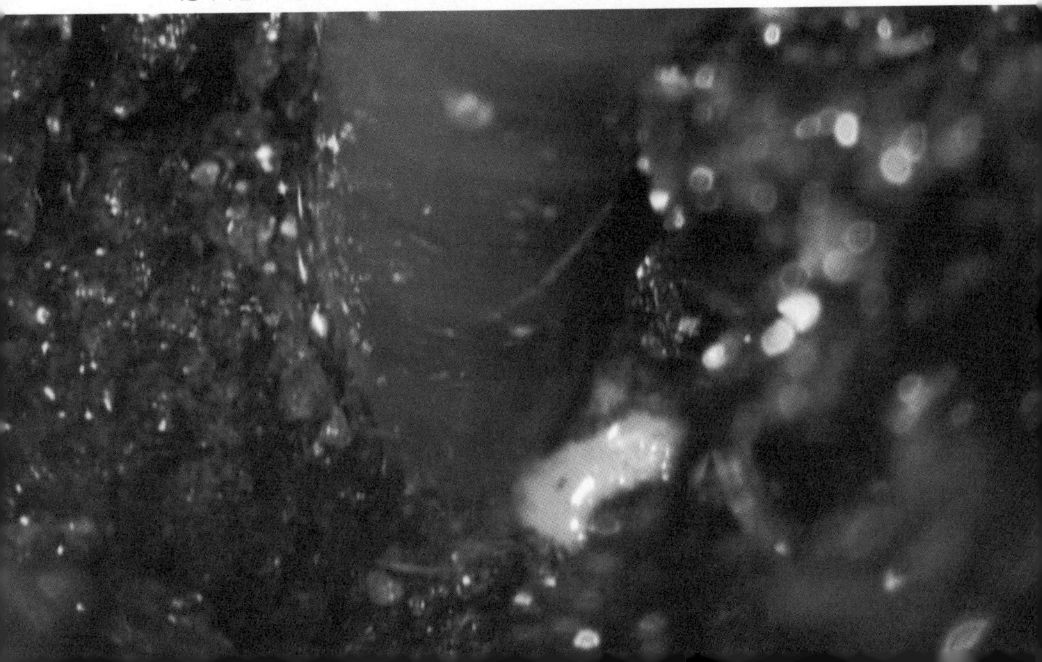

기설기 길이 나 있다. 이 길은 물이 통하는 배수구, 공기가 통하는 통풍구, 식물 뿌리가 자라는 길이다. 이 모든 길은 자기 몸무게보다 50배나 무거운 흙덩이를 밀치면서 굴을 파 나아간 지렁이 덕분에 생긴 통로이다.

보통 동물들은 땅을 팔 때 강한 다리를 이용하고, 사람들은 땅을 팔 때 삽이나 곡괭이를 이용하거나 포클레인까지 동원하기도 한다. 그런데 그저 미끌미끌한 몸통이 전부인 듯 보이는 지렁이 녀석이 어떻게 이런 엄청난 대공사를 할 수 있을까? 지렁이는 근육을 이용해 움츠렸다 폈다를 반복해 움직인다. 또한, 우리 눈에는 잘 보이지 않지만 환절마다 4쌍 정도 나 있는 가시 같은 짧은 털, 강모를 이용하여 흙에 몸을 고정시켜 미끄러지지 않을 수 있다. 한편 몸 바깥으로 분비되는 미끈미끈한 점액은 앞으로 기어나갈 때 윤활유 역할을 하며, 파 놓은 굴이 흘러내리지 않도록 하는 데 도움이 된다.

이렇게 지렁이는 짧고 강한 털로 흙에 몸을 박고, 윤활유 같은 점액으로 지나갈 길을 부드럽게 해 놓고 꿈틀거리며 움직인다. 이러한 지렁이의 이동 자체가 바로 굴을 파는 과정이 된다. 땅위의 낙엽이나 땅속의 썩은 뿌리 등을 먹는 지렁이. 다른 생물들이 이용하기 좋게 잘게 만들고, 흙을 먹고, 땅에 터널을 파고, 자신이 먹은 낙엽이나 뿌리 같은 물질, 미생물을 땅속 깊숙한 곳까지 운반하고, 반대로 땅속 깊은 곳에 있는 광물질을 땅위로 운반하는 지렁이. 대단한 농사꾼이라고 할 만하다.

결국 지렁이는 땅과 유기물을 한데 섞는 역할을 하고 있는 셈이다. 농사로 말하면 농부들이 한해 농사를 시작하는 첫 번째 일인 '땅을 가는 일' 말이다. 힘 좋은 소와 쟁기를 이용하거나 터덜터덜 경운기를 이용해도 30센티미터 이상 파기가 어렵다고 한다. 그런데 지렁이는 보통 1미터, 겨울잠을 잘 때는 3미터 이상 땅을 판다고 하니, 땅과 사람에게는 최고의 농기구인 셈이다.

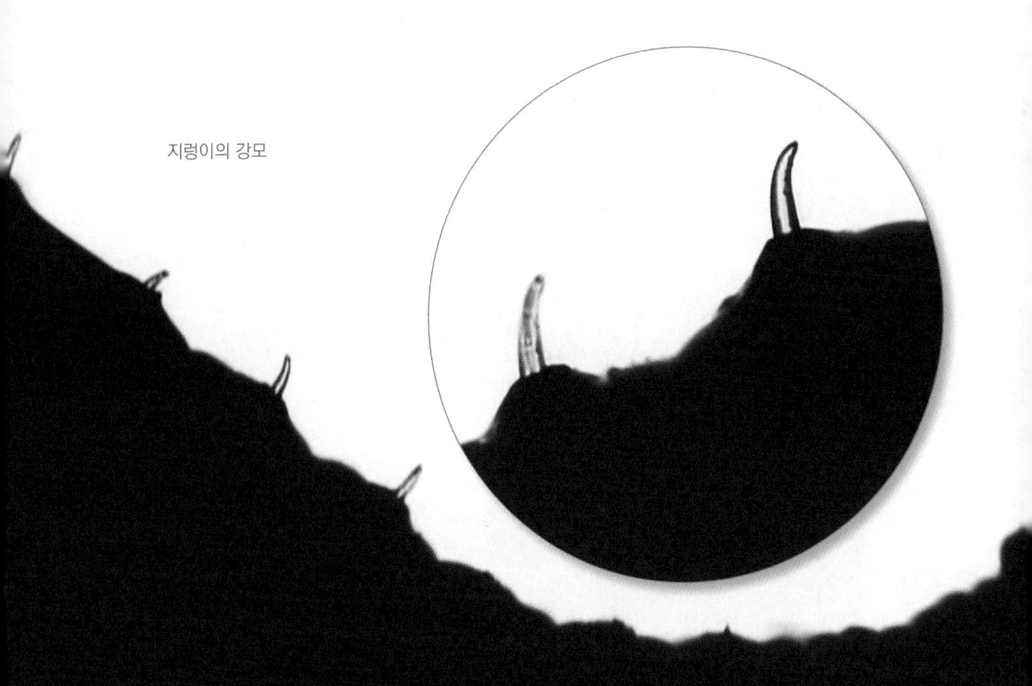

지렁이의 강모

지렁이는 땅속 깊은 곳에 있는 광물질을 땅위로 운반한다.

죽어서도 땅을 살리는 지렁이

서양의 철학자 아리스토텔레스는 '대지의 창자'라고, 진화론으로 잘 알려진 찰스 다윈은 '지구상에서 가장 가치 있는 생물'이라고 극찬한 지렁이. 또한 고대 이집트의 왕인 파라오는 국가를 풍요롭게 하는 하느님의 사신이라고 해서 보호할 것을 명했다고 하며, 클레오파트라는 나일 강의 계곡에서 미용을 위해 양식했다고 하는 지렁이. 하긴, 죽은 지렁이의 헌신을 보면 이 정도 칭찬쯤이야 그리 과하지도 않다. 뜬금없이 무슨 이야기냐고?

지렁이를 말리면 전체 성분의 56% 정도가 단백질 덩어리로, 죽은 지렁이는 바로 효과를 볼 수 있는 훌륭한 비료라고 할 수 있다. 게다가 지렁이가 죽으면 몸속의 소화 효소가 자기 몸을 녹여 흡수가 잘 되도록 한다. 그 외에도 다양한 무기 성분과 비타민으로 구성되어 있어 작물 생육에 많은 도움을 준다. 또, 지렁이 한 마리가 죽으면 대략 10밀리그램의 질산 형태의 질소가 얻어지는데, 여기에 지렁이 똥과 오줌에서 비롯된 양분까지 더하면 화학비료나 퇴비를 추가로 전혀 주지 않고도 작물 재배가 가능하다고 한다.

죽어서도 땅을 살리고 인간과 자연에게 힘을 주는 지렁이. 이 정도면 동서고금을 막론하고 다들 소리 높여 찬양할 만하지 않을까?

장님 불도저

지렁이만 땅속에 굴을 내는 동물은 아니다. 지렁이가 삽으로 굴을 판다면, 불도저로 우악스럽게 땅속에 길을 내는 녀석도 있다. 땅속을 다니는데도 표가 나는 녀석, 들썩이는 품을 보아하니 좀 큰 녀석, 두더지다.

지렁이와 두더지는 같이 땅 파먹고 사는 처지이지만, 지렁이는 단백질이 많아서 두더지가 아주 좋아하는 먹이일 뿐이다. 머리를 끊고, 깨끗이 흙을 뺀 뒤 먹어 치운다. 한 끼 식사량은 지렁이 열 마리 정도.

집쥐 다음으로 사람 주변에 많이 서식하고 있는 짐승이지만, 진동에 아주 민감하여 사람이 가까이 가기 전에 숨어 버려 그 생활이 신비에 쌓인 녀석. 눈도 거의 안 보이지만, 땅 밑 5센티미터까지 냄새로 먹이를 찾아내는 녀석의 코가 금세 또 먹잇감을 발견했나 보다. 두더지는 어느새 돌진하고 있다.

골칫거리 땅개

땅개, 땅개비라고도 불리는 땅강아지. 이 녀석 역시 지렁이, 두더지처럼 주로 땅속에서 생활하는 동물 가운데 하나이다. 앞다리는 좌우로 쉽게 펴지고, 종아리 마디는 단단한 삽날 모양이어서 땅을 파는 데는 안성맞춤! 하지만 이 땅굴 파기 명수는 온통 밭을 헤집어 놓는 통에 각종 농작물에 큰 피해를 준다.

인간에게는 골칫거리지만, 녀석의 땅굴 파기는 기특한 일을 하기도 한다. 들썩들썩, 땅강아지가 흙 속 여기저기를 헤집고 다닌 길은 빗물, 곰팡이, 세균, 더 작은 곤충들의 길이 되기도 하니까.

이렇듯 알을 낳고, 부화하고, 먹이를 먹고, 사냥하고, 땅강아지 평생의 드라마틱한 사건은 거의 땅속에서 일어난다. 덕분에 흙도 숨을 쉴 수가 있다.

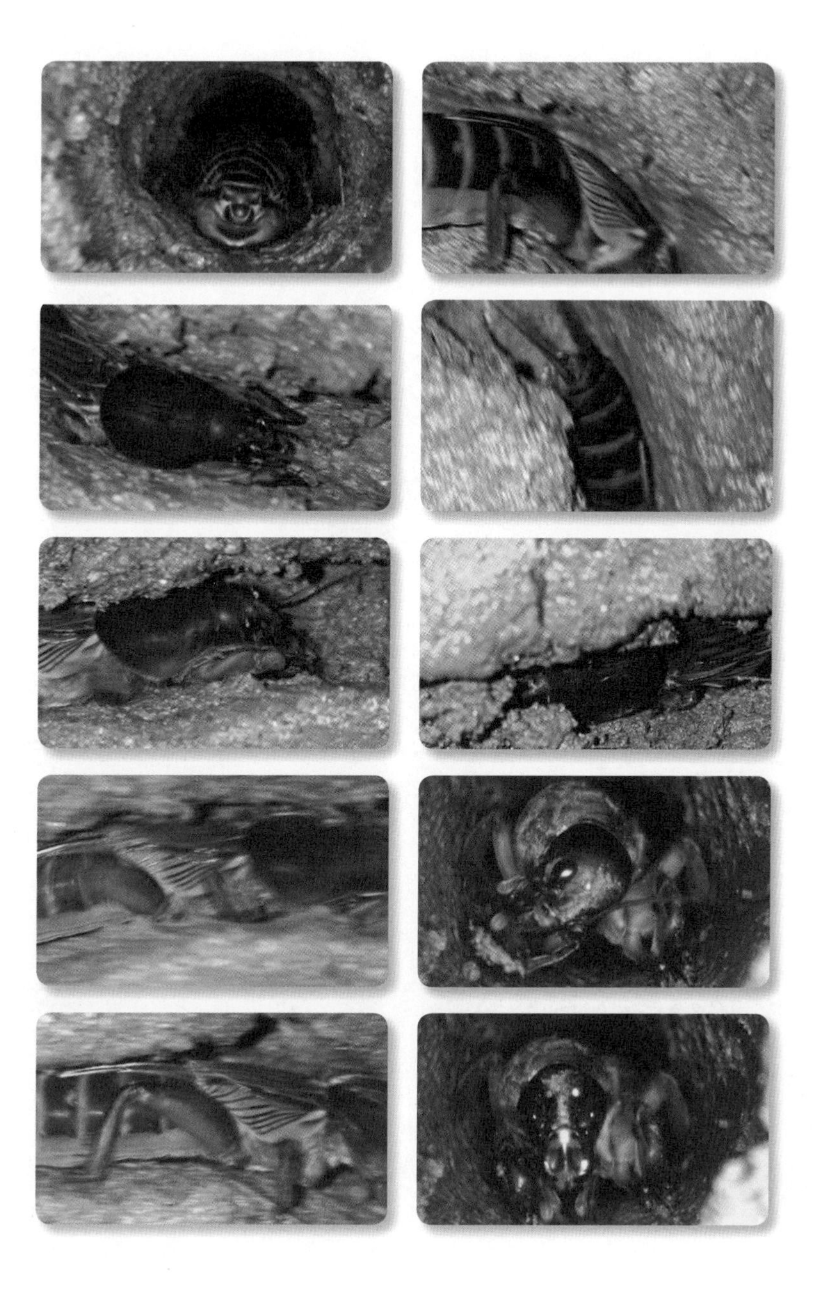

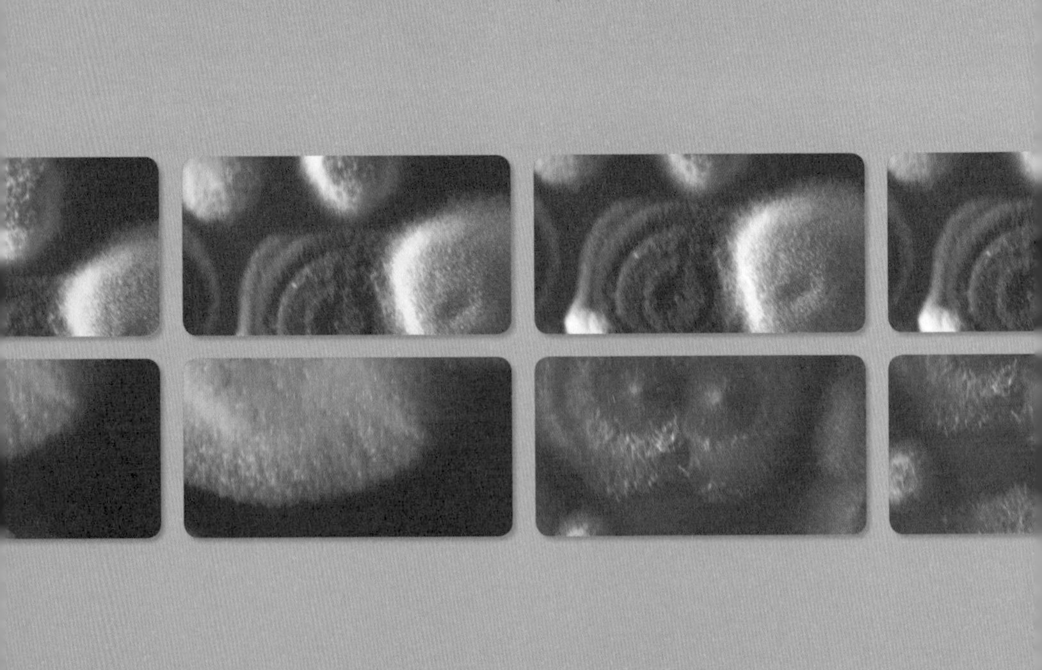

4

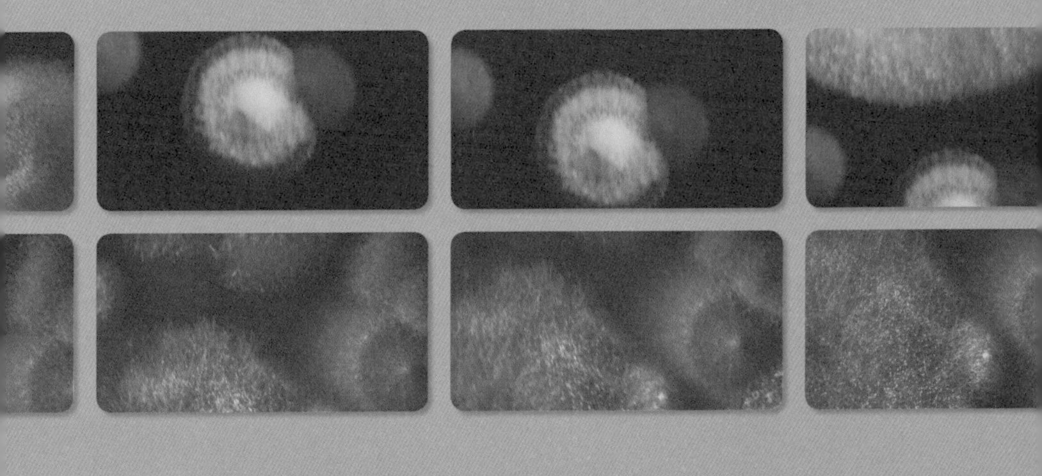

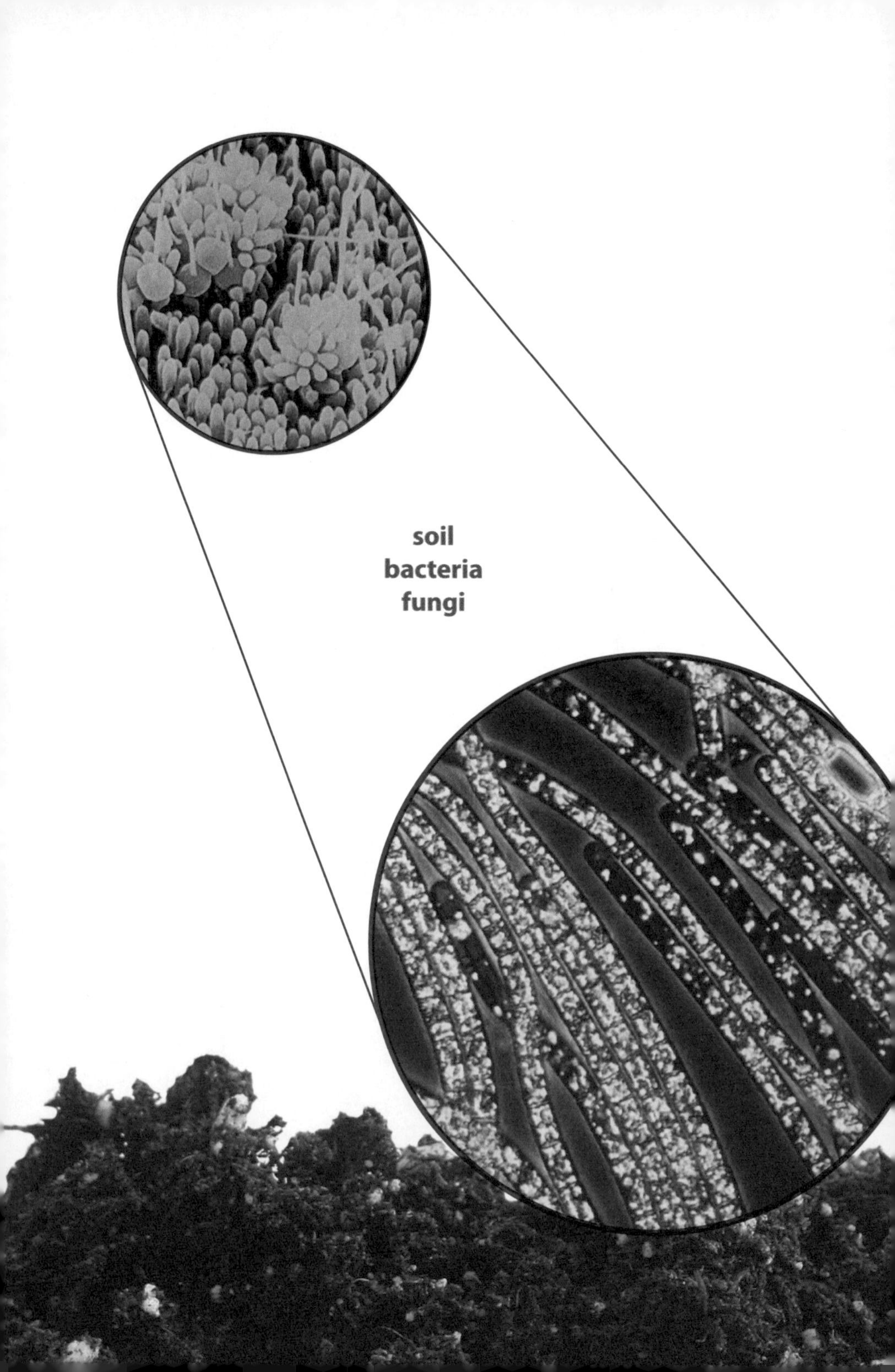
soil
bacteria
fungi

속 마이크로 세계

흙은 거의 맨몸을 드러내지 않는다.
낙엽을 덮든, 풀을 입든, 꽃으로 치장을 하든 무엇인가로 스스로를 감싸고 있다.
흙은 어떻게 이런 것들을 다 불러 모았을까?
흙의 비밀을 알기 위해서는 흙 속으로 들어가 봐야 한다.

흙 속을 제대로 보려면 과학의 도움이 필요하다. 균을 다 죽인 물에 흙을 넣고
1천 배가량 희석한 다음, 먹잇감이 되는 배지 위에 흙물 한 방울을 떨어뜨린다.
불과 한 방울.
얼마 안 있어 맹렬한 기세로 움직이는 박테리아 녀석들을 볼 수 있다.
영양분이 풍부한 흙 1그램에는 수십 억 마리, 사람 침 한 방울에는 수백만 마리의
박테리아가 산다니, 인간 세계의 단위로는 헤아리기 힘든 세상이다.
그곳은 무엇을 상상하든 그 이상을 보여 줄 것이다!

●●●●●●●●●●

착한 박테리아

박테리아? 어디서 들어 본 적은 있는 듯한데 팍 와 닿지는 않는다. 바이러스와 비슷한 종류인가? 그럼 세균은? 우리가 흔히 뿔 달린 악마의 얼굴에 삼지창을 들고 공격하는 모습으로 그리곤 하는 세균? 그 이름은 좀 익숙하다. 작은 균, 세균細菌이 바로 박테리아이다. 하지만 많은 사람들이 '세균'이라는 말에 대해 갖고 있는 부정적인 선입견과는 달리, 대부분 박테리아는 사람에게 무해하며, 사람에게 유익한 종도 많다. 물론 몇몇 박테리아는 질병을 일으키기도 하지만.

결핵균, 파상풍균, 콜레라균처럼 질병과 관련된 병원균이 대표적으로 사람에게 골칫거리인 박테리아이다. 이러한 박테리아들은 체내에 감염되면 빠른 속도로 번식하며, 공기나 물, 음식 등을 통해 전염될 가능성이 높기 때문에 위험하다. 그렇다고 인간의 몸에 들어온 박테리아가 모두 병원균이 되지는 않는다. 예를 들어, 피부, 입속, 대장 등에 있는 박테리아 가운데는 병을 일으키지도 않으며 인간과 사

오랫동안 사람들은 박테리아를 악마와 같은 모습으로 나타내고는 했다.

이좋게 잘 사는 놈들도 많다.

이 박테리아는 호흡 방식에 따라 크게 두 가지로 나누어진다. 산소를 좋아하는 녀석인 호기성 세균과 산소를 싫어하는 녀석인 혐기성 세균. 그 가운데 혐기성 세균은 산소가 없어도 발효 과정을 통해 영양분을 분해하여 이용하고, 이때 알코올이나 젖산이 생긴다. 김치, 치즈, 요구르트 같은 발효식품을 만들 때 이러한 혐기성 세균을 이

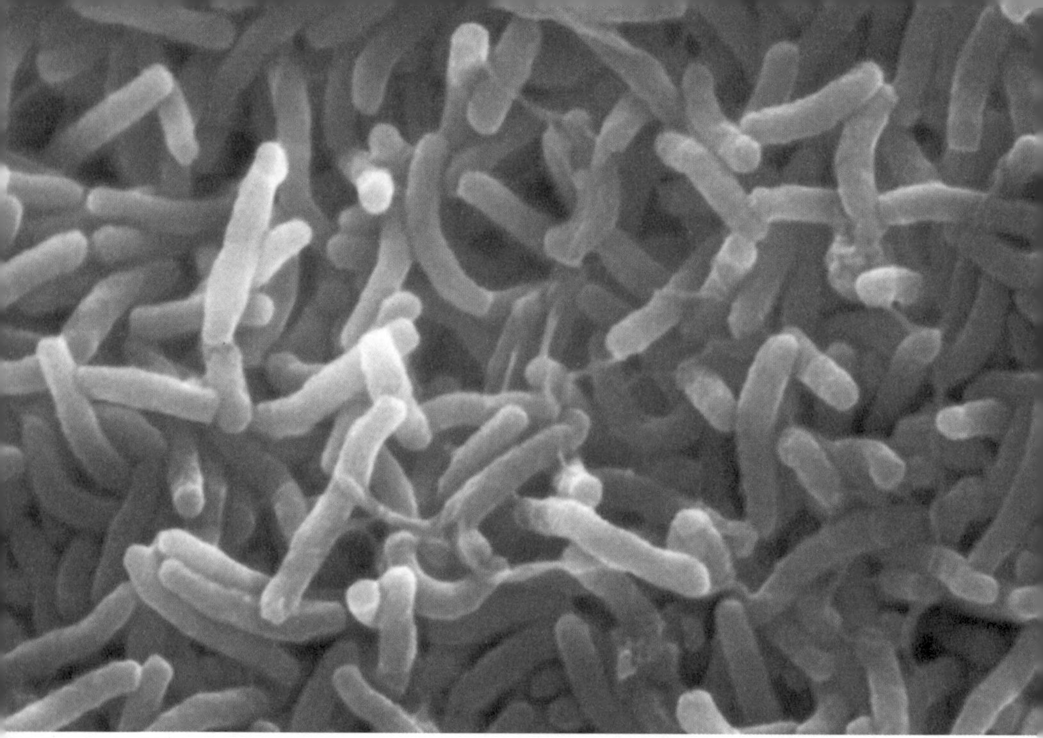

대표적인 병원균인 콜레라균.

용한다. 또, 특이하게도 어떤 박테리아는 산소가 있을 때는 산소를 이용해서 물질을 분해, 합성하지만, 산소가 없을 때는 조금 효율이 떨어지지만 발효 과정을 통해서 물질을 분해, 합성한다.

폭발적으로 늘어나는 박테리아

보통 세균 이야기를 할 때면 비좁은 공간에 '우글우글' '바글바글' 모여 있다는 투로 많이 표현한다. 이러한 표현은 모자라면 모자랐지 결

김치, 치즈, 요구르트 같은 발효식품을 만들 때 이용하는 것이 혐기성 세균이다.

코 과장이 아니다. 과연 어떤 녀석들이기에 이런 엄청난 번식력을 자랑하는지 그들의 일생을 한번 따라가 보자.

박테리아는 바이러스 같은 녀석들을 빼면 가장 작은 생명체로, 보통 박테리아의 크기는 몇 마이크로미터1미터는 1백만 마이크로미터 정도이다. 또 박테리아는 주로 막대 모양, 동그란 모양, 나선 모양을 하고 있다. 박테리아는 이렇게 작기 때문에, 크기보다는 개체수로 승부해서 살아남는다. 실험실에서 적당한 먹이, 온도, 습도를 맞춰 주면, 박테리아는 엄청난 속도로 번식해서, 맨눈으로도 확인할 수 있을 정도

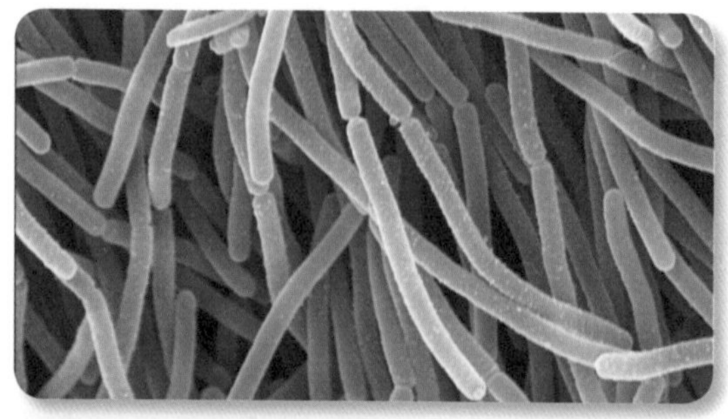
막대 모양의 박테리아.

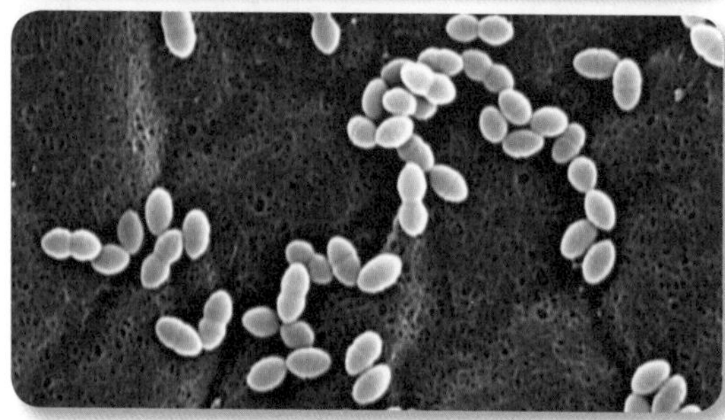
동그란 모양의 박테리아.

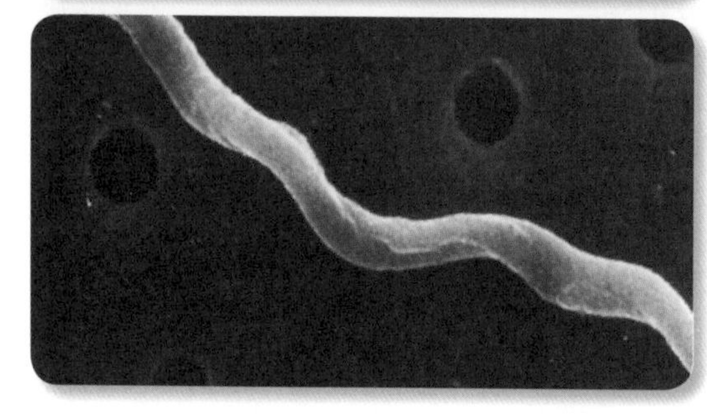
나선 모양의 박테리아.

로 덩어리콜로니 colony를 만든다. 바로 개체수로 승부를 보는 현장이다. 또한 이 콜로니는 종류에 따라 독특한 색깔과 형태를 띠기 때문에 박테리아 종을 구분하는 표시가 된다.

만약 박테리아가 조류나 어류처럼 알을 낳거나, 사람 같은 포유류처럼 새끼를 낳는다면 순식간에 덩어리를 만들 만큼 빠르게 번식할 수 없을 것이다. 하지만 보통 박테리아들은 좋은 환경에 있을 때는 덩치가 커지는 생장을 하고, 어느 정도 커지면 마침내 세포를 두 개로 나누어 새로운 두 개의 딸세포를 만들어 내는 방식으로 번식을 한다. 이렇게 두 개의 딸세포 나눠지는 데 걸리는 시간은 종마다 다른데, 대장균은 약 15분 정도 걸린다. 이틀 만에 온 지구를 덮어 버릴 정도의 엄청난 속도다!

분열하는 박테리아.

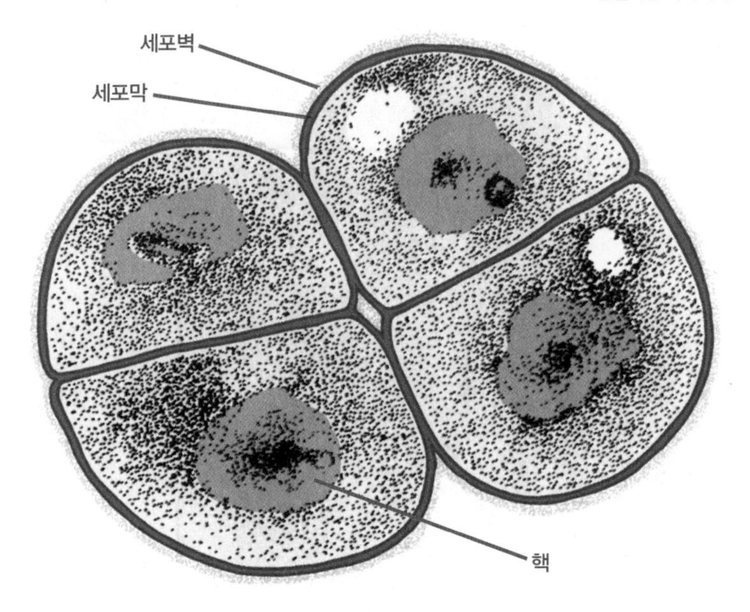

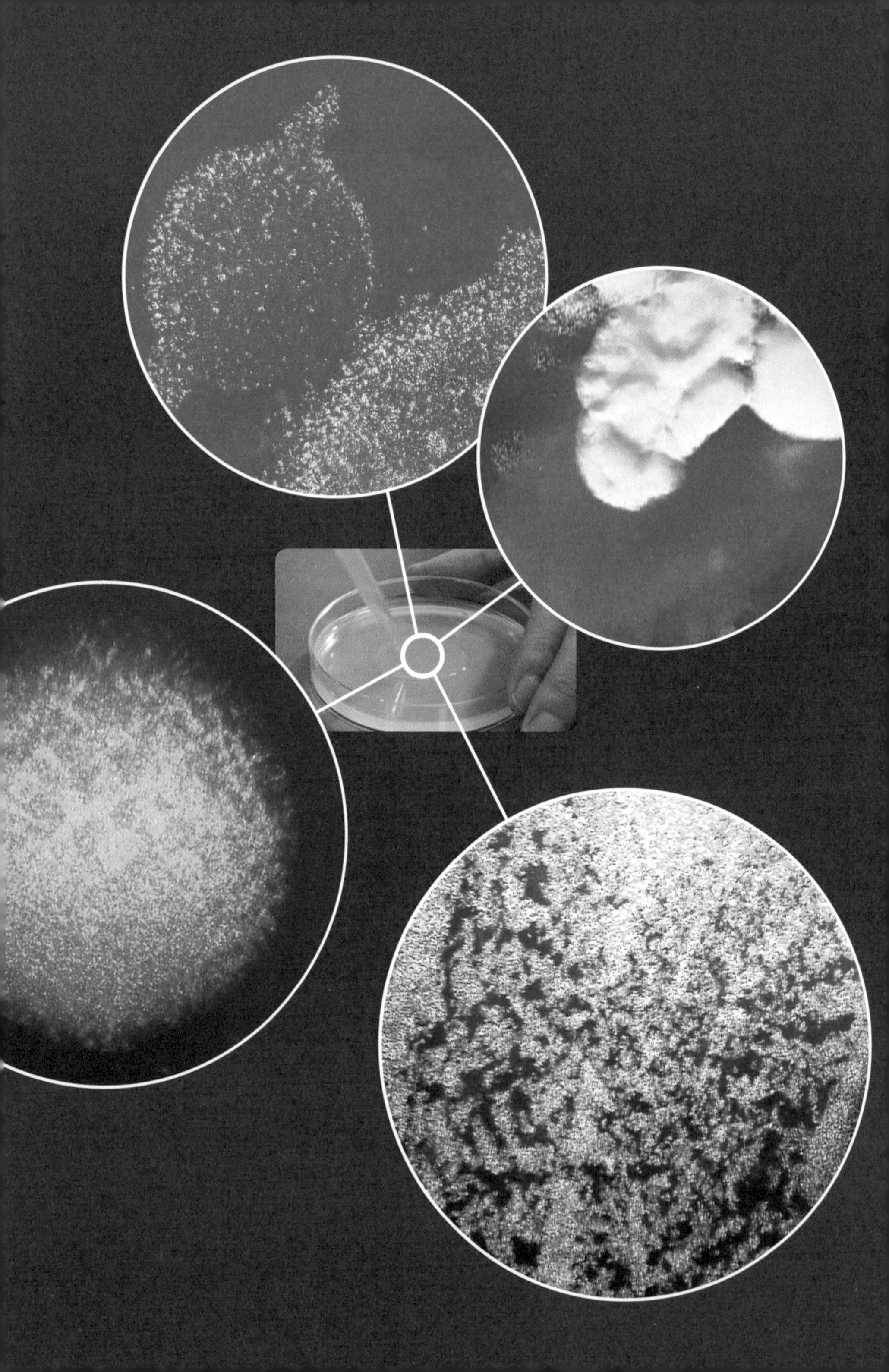

또한 박테리아는 참 작다. 당연히 그 작은 몸 안에 이것저것 복잡한 기관을 갖고 있지는 않다. 가장 원시적이며 기본적인 세포의 구조만 갖고 있을 뿐이다. 영양분을 섭취할 때도 마찬가지다. 박테리아는 사람처럼 이가 없기 때문에 온몸에서 효소를 내서 먹잇감을 녹이고 온몸으로 먹는다. 마치 스펀지가 물을 빨아들이는 것처럼.

이러한 박테리아는 우리가 알고 있는 대부분의 환경에서 살고 있다. 극지의 얼음이나 온천수에서도, 높은 산봉우리나 해저 밑바닥에서도, 동식물체나 흙 속 등 어디에서나 온도가 섭씨 5도 이상만 되면 박테리아는 활발하게 잘 산다. 또한 몇몇 토양 세균과 해양 세균은 영하의 온도에서도 산다. 심지어는 자기가 살 수 있는 온도를 벗어나면 포자를 만들어 휴면 상태로 들어가 열악한 환경을 견디는 놈들도 있다.

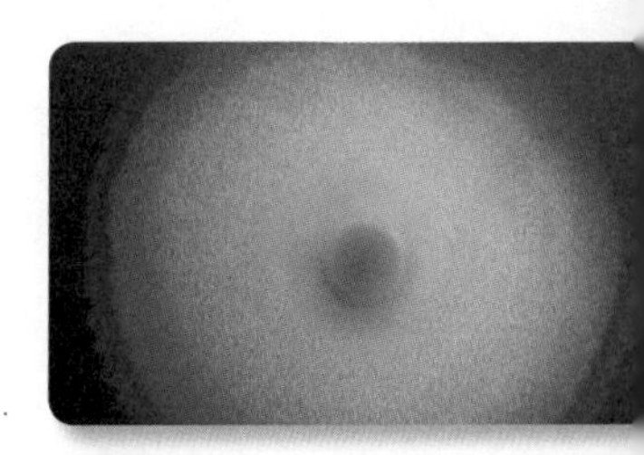
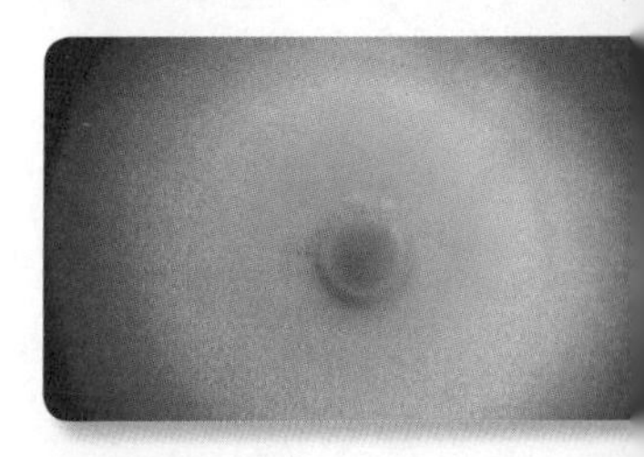
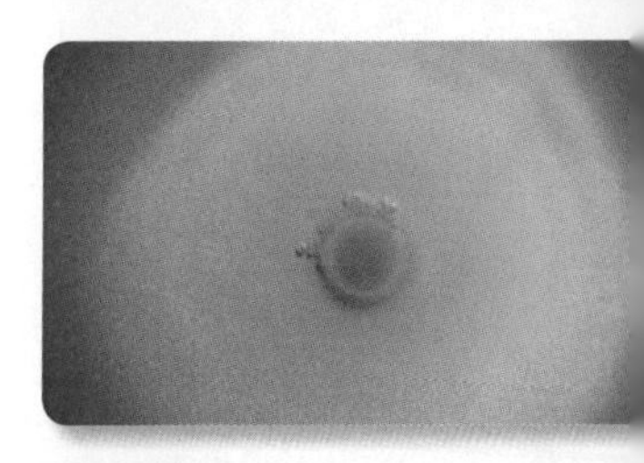
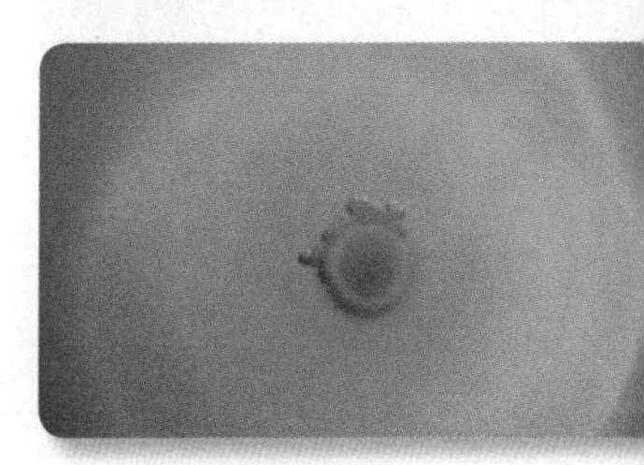

개체수로 승부하는 박테리아는 번식하여 콜로니를 형성한다. 붉은색의 면적이 커진다는 것은 박테리아의 숫자가 늘어남을 나타낸다.

인산가용화세균은 인산이 많아 영양 과다가 된 흙을 다이어트시켜 준다.

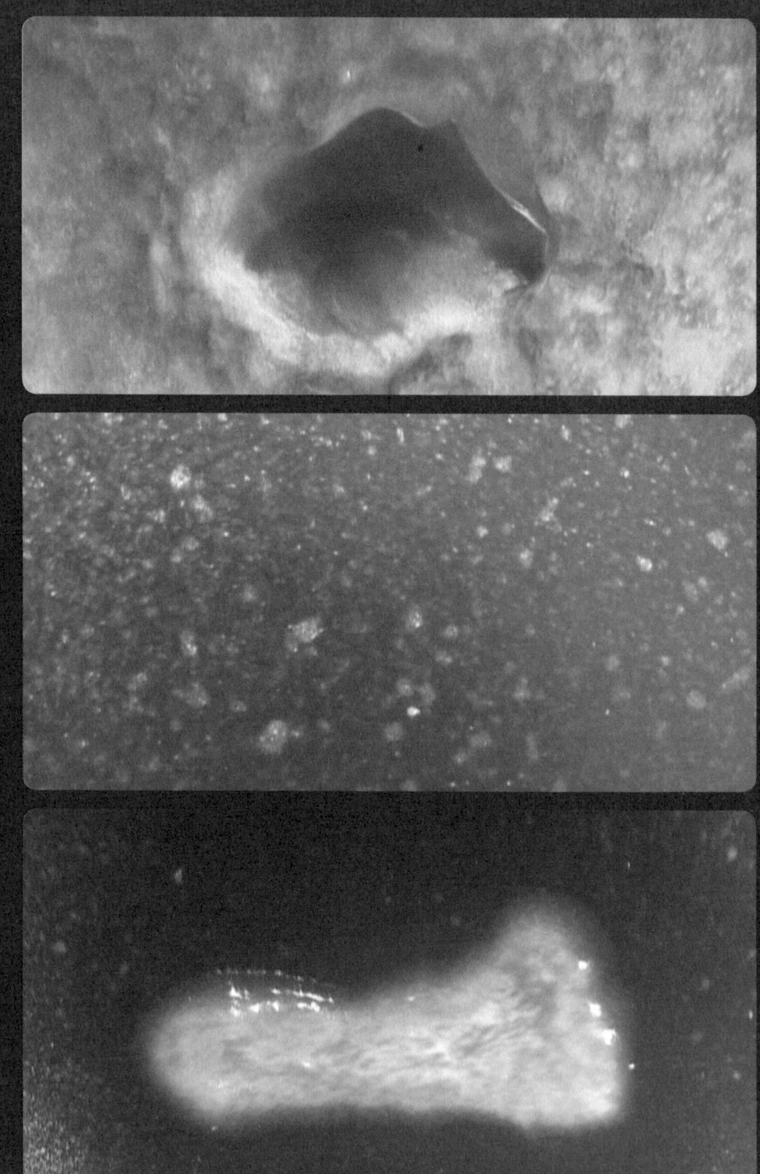

단순한 구조를 갖고 있는 박테리아는 효소로 먹잇감을 녹이고 스펀지처럼 온몸으로 빨아들인다.

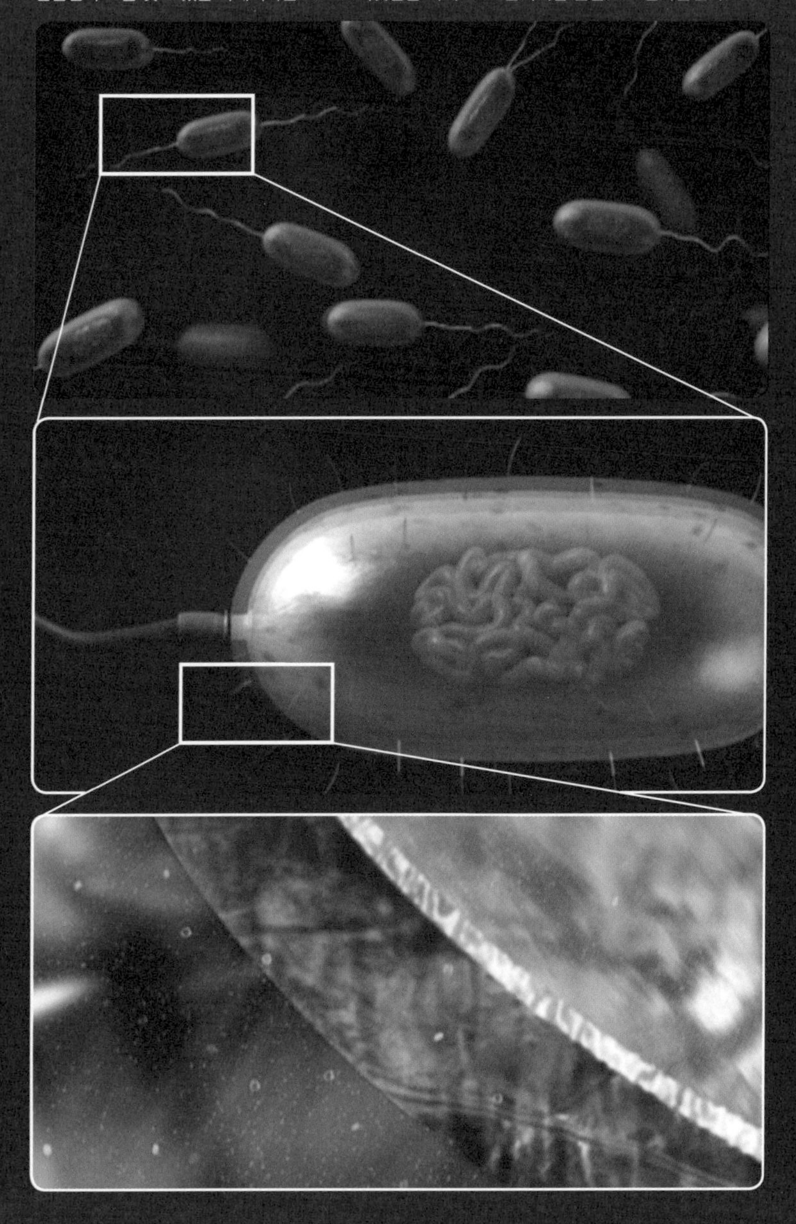

흙과 생명을 살리는 박테리아

흙은 바로 엄청난 생존본능을 가진 박테리아가 많이 사는 집이다. 그리고 흙에 사는 박테리아는 지렁이만큼이나 중요한 일을 하며 흙과 식물을 살리고, 그 식물을 먹고 사는 동물을 살려 지구 생태계가 원활하게 돌아가는 데 없어서는 안 되는 녀석이다.

화학 기호로는 'N'이라고 쓰며, 주로 N_2 형태로 존재하면서 공기의 약 80퍼센트를 차지하고 있는 질소. 이 질소는 바로 식물의 성장을 돕는 비료에서 가장 중요한 원소 가운데 하나이다. 하지만 식물은 가장 단순한 분자 형태의 질소를 그대로 섭취하지는 못한다. 식물은 암모니아, 질산염, 아질산염이라는 형태로 질소를 섭취하기 때문이다. 이렇게 풍부한 질소를 식물이 섭취할 수 있는 암모니아, 질산염, 아질산염 같은 형태로 바꾸는 데 중요한 역할을 하는 녀석이 바로 박테리아이다. 콩 종류의 뿌리에 살면서 질소를 먹을 수 있는 형태로 만들어 주는 뿌리혹박테리아는 그런 일을 하는 박테리아로는 가장 유명한 녀석이다. 또한 죽은 식물, 동물 같은 유기물들을 식물이 먹을 수 있는 무기물 형태로 바꿔 주는 녀석들도 있다.

식물에게 꼭 필요한 영양소를 마련해 주고, 그 식물을 먹고 자란 동물, 그 동물을 먹은 동물, 이러한 식물과 동물들이 죽었을 때 그 사체에서 다시 또 식물이 먹을 수 있는 형태로 영양소를 만들어 내는 박테리아. 결국 박테리아가 없는 땅에서는 식물이 잘 자라지 못하고, 식물을 먹고 사는 동물 역시 식물이 잘 자라지 못하면 살 수가 없다. 이 작은 박테리아들은 흙에 딱 붙어서 흙의 일부처럼 살아가면서 생태계가 잘 돌아가도록 해 주는 보이지 않는 조절자이다.

뿌리혹박테리아.

바실루스는 세포 분열을 해서 순식간에
엄청난 속도로 증식한다.

이틀 만에 온 지구를 덮어 버릴 정도의
엄청난 속도다.

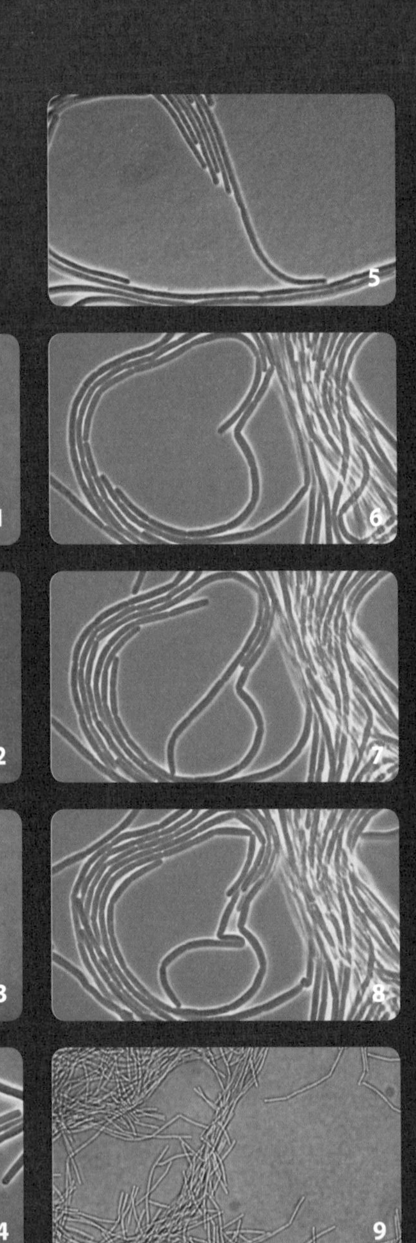

인간과 박테리아

식물, 동물, 흙 사이에서 조절자 역할을 하는 박테리아는 인간과도 오랜 인연을 맺어 왔다. 박테리아는 자신이 먹을 영양분을 분해할 때 다양한 물질을 만들어 내는데, 어떤 물질은 생명을 살리기도 하고, 또 어떤 물질은 생명을 죽음으로 몰아가기도 한다.

앞에서도 이야기했듯이 김치, 청주, 요구르트 등을 만드는 젖산 발효, 알콜 발효, 아세트산 발효 등에 관여하는 박테리아들은 사람들의 생활과 밀접한 관련을 맺으며 아주 돈독한 사이를 유지해 왔다. 또한, 스트렙토마이신 같은 항생 물질을 만들 때 중요한 방선균, 청국장을 만들고 장내 유해균의 성장을 억제하기도 하는 바실루스의 몇몇 종 역시 인간과 사이좋은 박테리아로 빼놓을 수 없는 녀석들이다.

물론 오랜 세월 인간에게 골칫거리였던 박테리아도 많다. 그 녀석들은 음식물이나 옷가지 등을 썩게 만들고, 사람이나 동식물에 기생하거나 독을 만들어 질병을 일으키는 녀석들로, 설사나 식중독을 일으키고 백혈구를 죽이거나 신경을 마비시키면서 인간과 악연을 맺고 있기도 하다.

하지만 생태계가 온갖 오염으로 신음하고 있고, 병든 자연을 살리기 위해 다시 엄청난 노력을 해야 하는 요즘 같은 때에 박테리아는 다시 또 주목받고 있다. 앞에서도 잠깐 이야기했지만 박테리아는 생태계의 대표적인 분해자이기 때문이다. 박테리아는 가정에서 쓰고 버린 물, 쓰레기, 공장 폐수나 폐기물, 농산 폐기물 등을 분해하여 자연을 정화할 뿐만 아니라 다른 생물들이 다시 이용할 수 있도록 만들어 줌으로써 인류에게 엄청난 이익을 안겨 주고 있다.

곰팡이를 닮은 박테리아

비 온 뒤 산길을 걸으면 독특한 흙 냄새를 맡을 수 있다. 스트렙토마이신을 만들어 내는 방선균이 분비하는 또 다른 물질인 지오스민 때문이다. 방선균이라는 녀석은 흙 1그램당 수백만 마리가 있을 정도라고 하니, 가히 산길의 냄새를 바꿔 놓을 만하다.

방선균은 일반적인 박테리아와는 달리 실처럼 가느다랗게 퍼져서 자란다. 흔히 곰팡이의 균사처럼 생겼다고 이야기하는데, 방선균 역시 번식을 할 때는 곰팡이처럼 포자를 낸다. 곰팡이처럼 생긴 박테리아인 방선균이라는 녀석은 특히 잘 분해되지 않는 유기물을 분해하는 능력 때문에 유명하다. 물론 곰팡이를 닮은 방선균말고 진짜

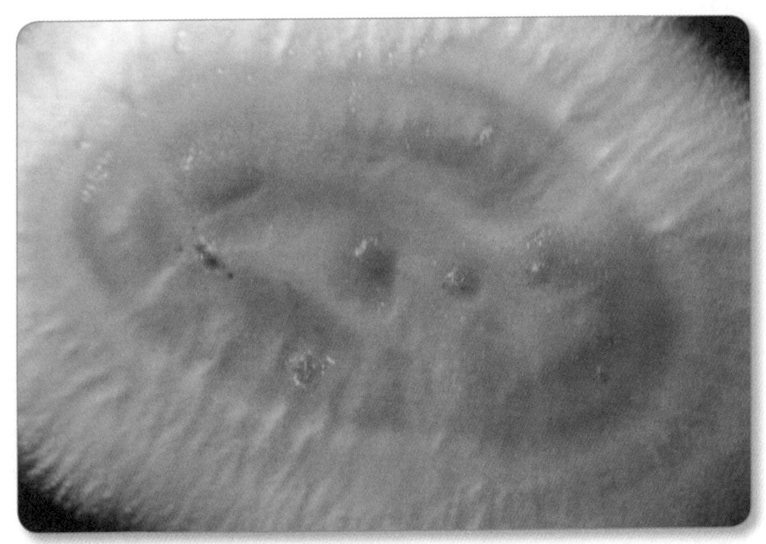
방선균 역시 곰팡이처럼 포자를 만들어 번식한다.

곰팡이들 역시 지구 생태계의 분해자로서 큰 역할을 한다.

꽃처럼 피어나는 곰팡이

장마철, 습기 차고 눅눅하면 곰팡이가 피지 않도록 제거제를 놓거나, 잠시 난방을 해서 습기를 날려 버려야 한다. 이렇듯 곰팡이란 녀석은 유난히 습한 환경을 좋아한다. 그래서 산에서는 축축한 낙엽 근처에서 곰팡이를 많이 볼 수 있다.

곰팡이는 축축한 낙엽 근처에 많다.

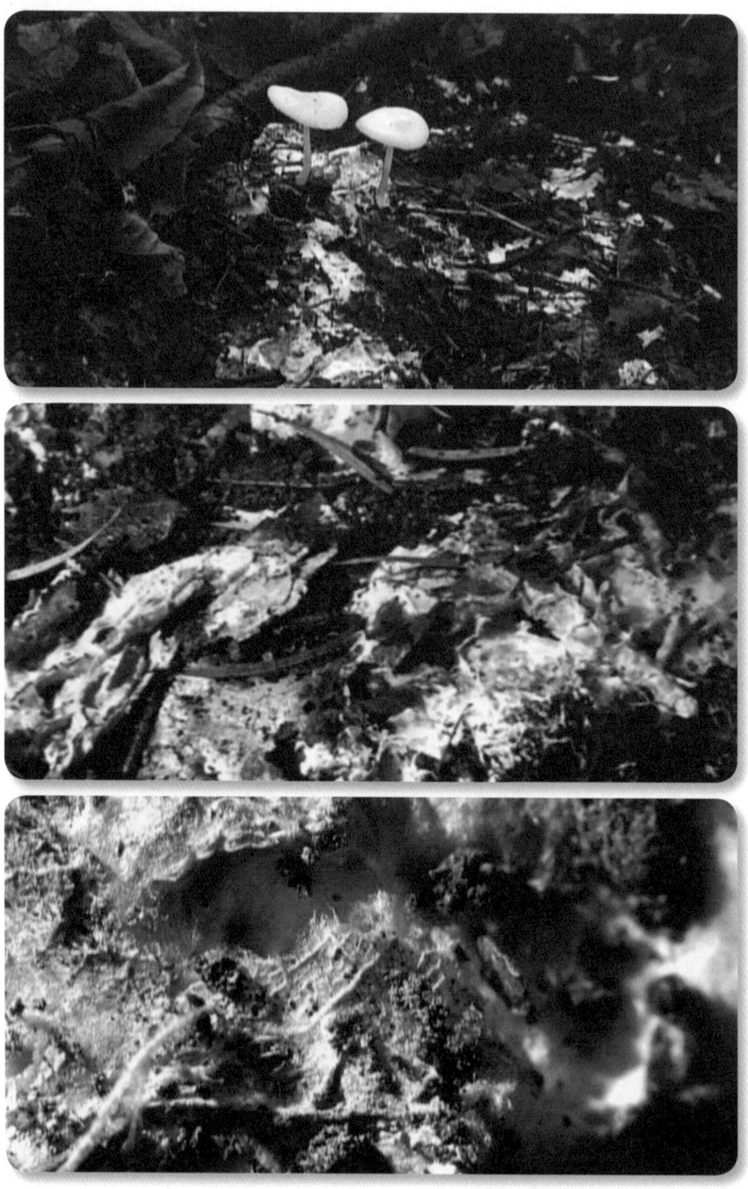

흔히들 “곰팡이 꽃이 피었다.”고 이야기하듯, 곰팡이는 다양한 색깔을 지니고 있다. 형형색색의 곰팡이 덩어리 색깔은 바로 곰팡이가 내놓은 포자의 색깔로, 이는 그만큼 다양한 종이 살고 있다는 증거이다. 현재까지 발견된 곰팡이는 3만~4만 종 정도이며, 매년 1천여 종의 새로운 곰팡이들이 보고된다고 한다.

곰팡이는 이렇게 다양한 색깔을 보여 주지만, 그 색소 가운데 식물의 엽록소처럼 태양의 빛 에너지를 이용하여 먹을거리를 만들어 내는 기능을 가진 물질은 없다. 결국 곰팡이도 박테리아와 마찬가지로 동물이나 식물, 다른 균류에 기생해서 살거나 생물의 사체, 배설물에 붙어살 수밖에 없다.

곰팡이는 박테리아와 사는 곳 역시 비슷해서 땅, 물 등 지구상 거의 대부분에 산다. 하지만 병원균이 섭씨 37도 정도에서 잘 사는 반면, 냉장식품까지도 썩게 만드는 곰팡이 녀석들도 있다. 물론 대부분 흙에 사는 곰팡이들은 섭씨 25도 정도에서 잘 산다. 또, 박테리아는 산성도가 중성인 곳에서 잘 자라는 반면, 곰팡이는 약간 산성인 상태에서 더 잘 자란다. 곰팡이와 박테리아, 겉모습의 화려함은 다르지만 살아가는 방식은 꽤 비슷한 녀석들이다.

다양한 색깔의 곰팡이 포자. 그만큼 다양한 종이 살고 있다는 뜻이다.

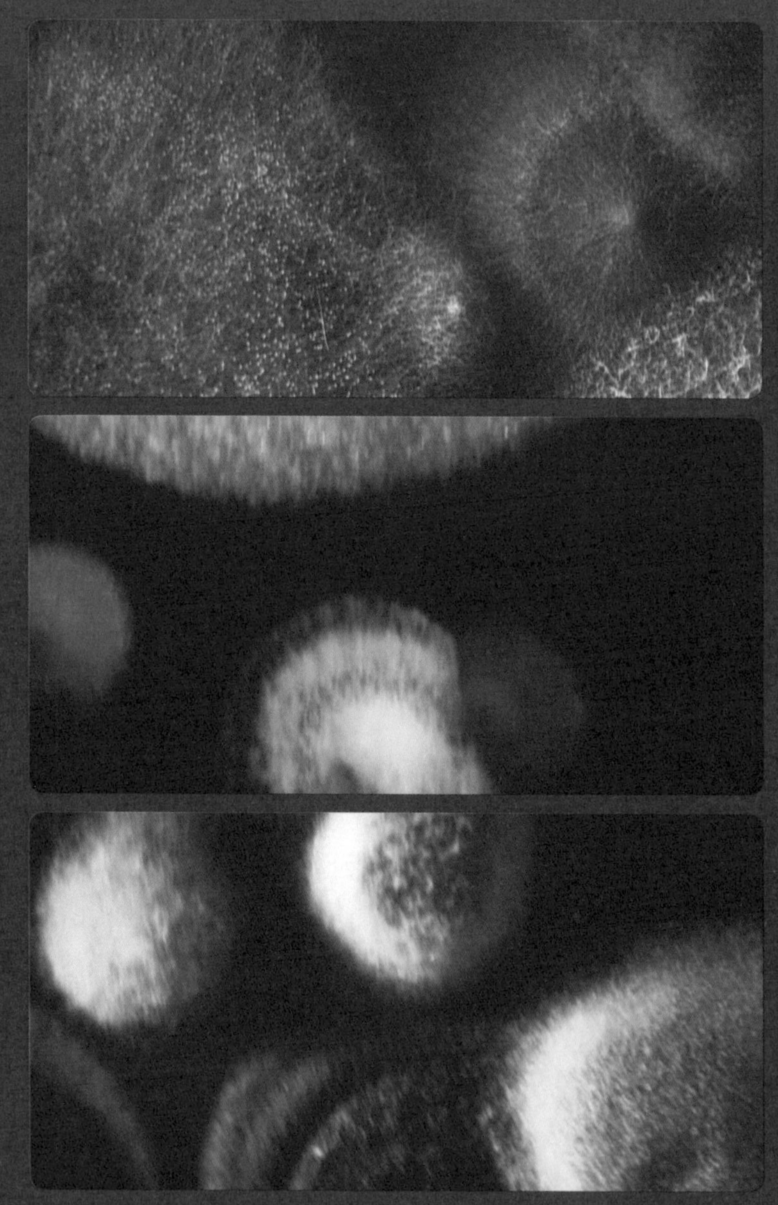

지구의 청소부, 곰팡이

포자의 색깔 덕분에 꽃처럼 아름다운 모습으로 피어나는 곰팡이는 지구상에서 가장 일 잘하는 청소부이기도 하다. 이 곰팡이가 청소하는 데 없어서는 안 되는 것이 바로 가느다란 실처럼 생긴 균사이다. 곰팡이는 이 균사를 뻗어, 자신이 기생하고 있는 동식물이나 죽은 동식물에서 탄수화물과 단백질을 분해하여 흡수한다. 균사는 동물의 소화관과 같은 역할을 한다. 아무리 복잡한 화합물도 곰팡이 앞에서는 꼼짝없이 가장 단순한 원소로 돌아가고 만다. 지상에서 가장 유능한 청소부 곰팡이는 이 기세로 오억 제곱 킬로미터의 지표면을 정복해 가는 것이다.

맹렬한 기세로 지구를 덮은 곰팡이에게는 강력한 청소도구가 하나 숨어 있다. 곰팡이는 아미노산처럼 기본이 되고 단순한 유기물은 바로 흡수하지만, 대부분 복잡한 유기물은 그냥 흡수할 수 없다. 그때 이용하는 청소도구가 바로 효소이다. 다양한 종류의 곰팡이는 저마다 효소를 분비하여 복잡한 유기물을 분해하고, 필요한 영양분을 얻는다. 또한 이렇게 곰팡이가 분비하는 효소들은 산업적으로 활발하게 연구되어 이용되고 있을 만큼 효능이 뛰어나다.

곰팡이 균사는 동물의 소화관과 같은 역할을 한다.

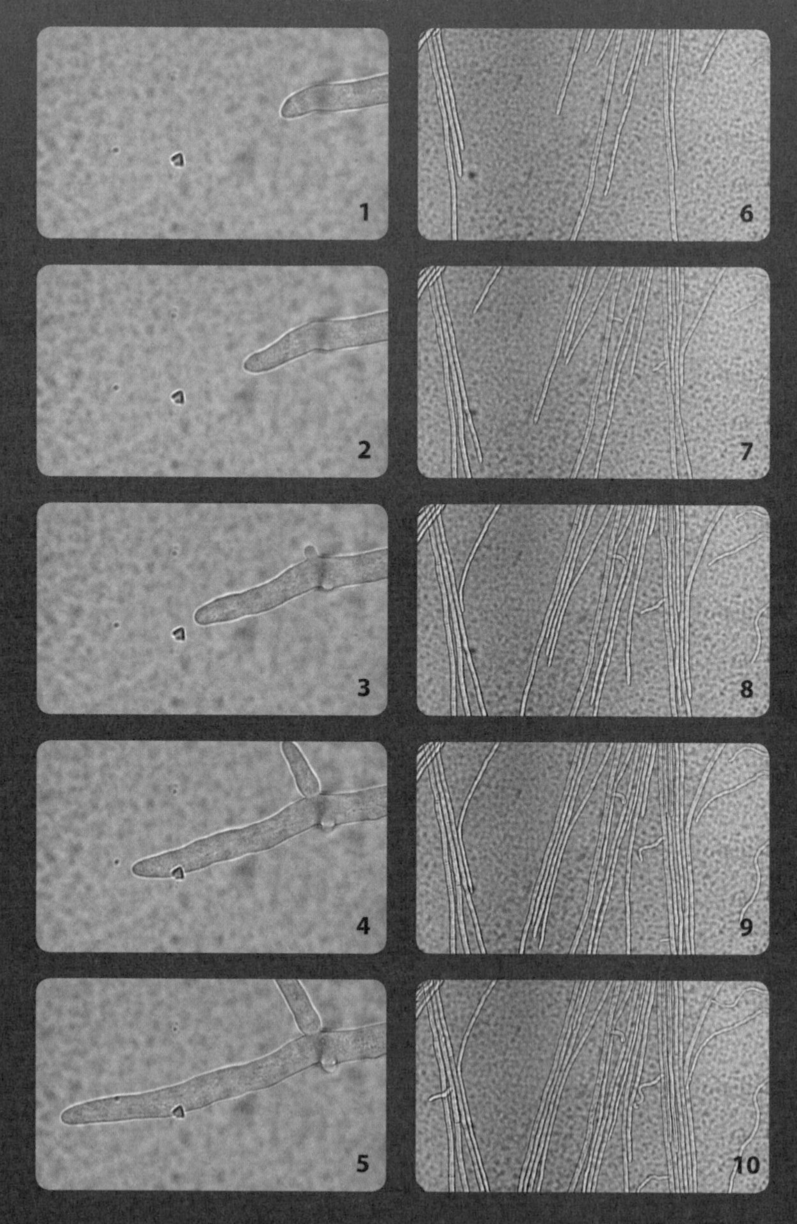

곰팡이는 무서운 속도로 균사를 뻗으며 자란다.

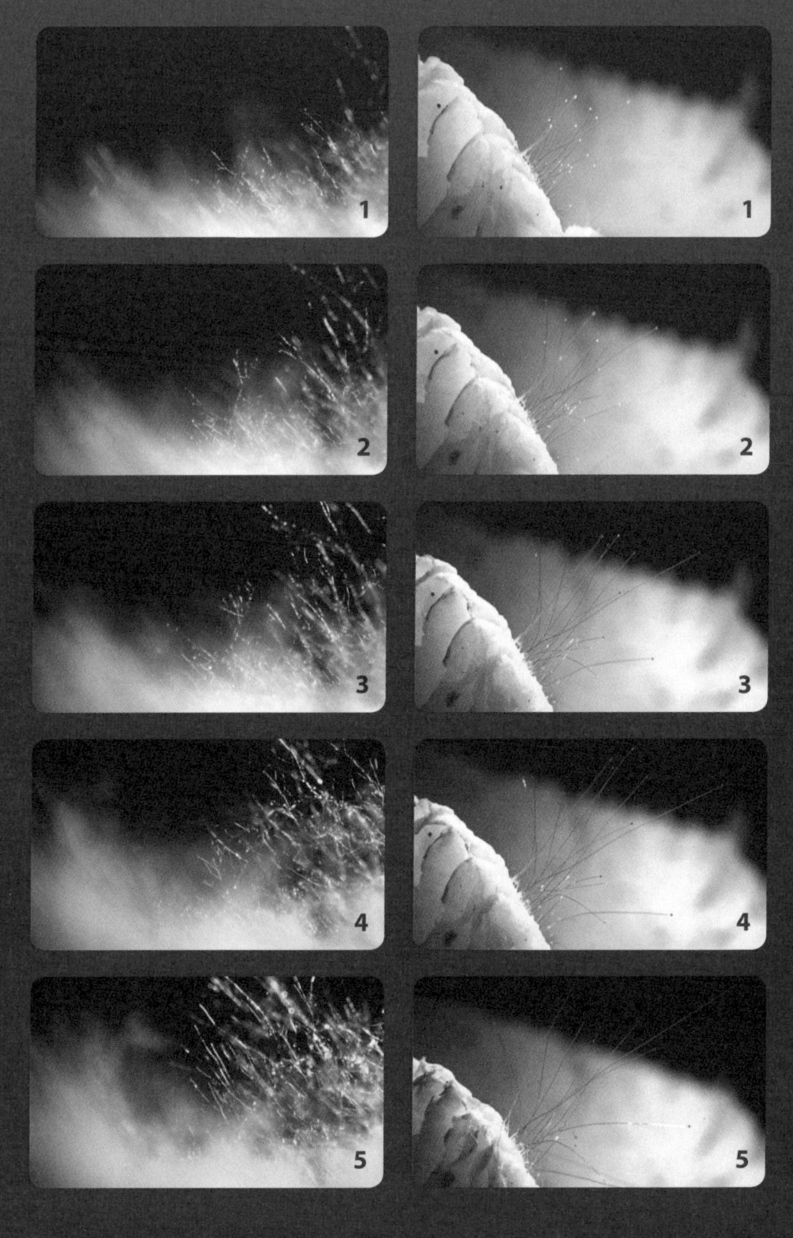

곰팡이는 효소를 내어 낙엽을 분해한다.

곰팡이 천적, 선충

무서운 속도로 균사를 뻗고, 포자를 내어 번식하는 곰팡이, 그리고 번식력에서 결코 곰팡이에 뒤지지 않는 박테리아. 기세만 봐서는 순식간에 지구를 덮고도 남을 듯한데 아직까지 지구가 그들 세상이 되지 않은 이유는 무엇일까? 그것은 바로 미생물들 사이에도 전쟁은 있기 때문이다.

미생물들은 서로 다른 두 종이 번식하다가 만나는 순간, 번식을 멈춘다. 이처럼 서로의 성장을 억제하는 관계를 '길항 작용'이라고 한다. 병원균이 몸속에 있지만 특별하게 큰 문제를 일으키지 않는 이유도 바로 이러한 길항 작용 때문이다.

게다가 흙 속에는 곰팡이를 먹는 녀석도 있다. 지렁이처럼 꿈틀대는 선충 같은 놈들 말이다. 선충은 마치 곰팡이의 균사처럼 투명하고 가느다란 실 같은 모양새를 하고 있고,

서로 다른 두 종이 번식하다 만나게 되자, 서로의 성장을 멈춘다.

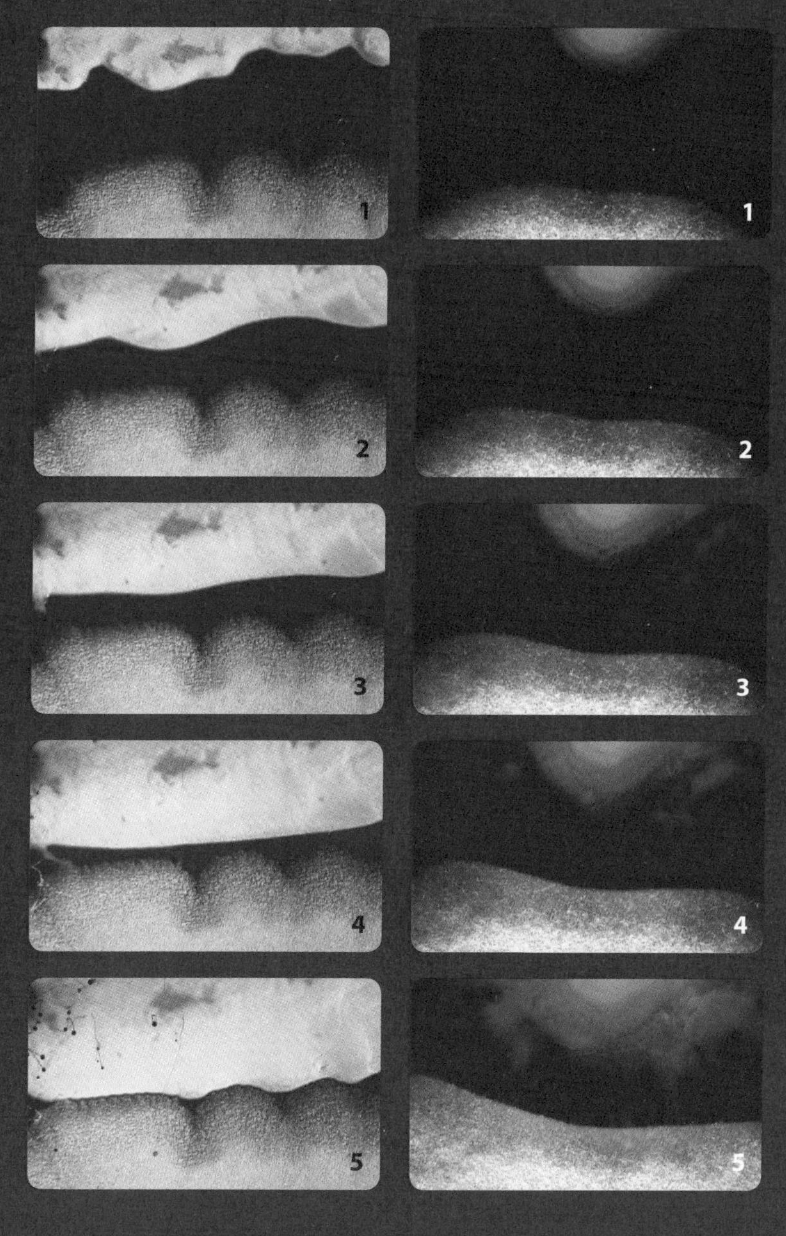

몸길이는 1밀리미터 정도이다. 곰팡이 천적인 선충은 주사기처럼 생긴 입으로 균사에 구멍을 내 탄수화물, 단백질, 지질을 빨아 먹는다. 곰팡이만큼이나 사는 곳이 넓어, 선충이 살지 않는 땅은 거의 없다고 해도 과언이 아니다.

거꾸로 선충도 곰팡이의 먹이가 되기도 한다. 곰팡이들이 자신의 몸으로 만든 고리, 이 함정에 선충이 걸리면 끈적끈적한 물질로 꼼짝 못하게 한다. 선충도 꼼짝없이 곰팡이 밥이 되고 만다. 서로 먹고 먹히지 않는다면 아마 이 세상은 곰팡이 천지가 될 것이다.

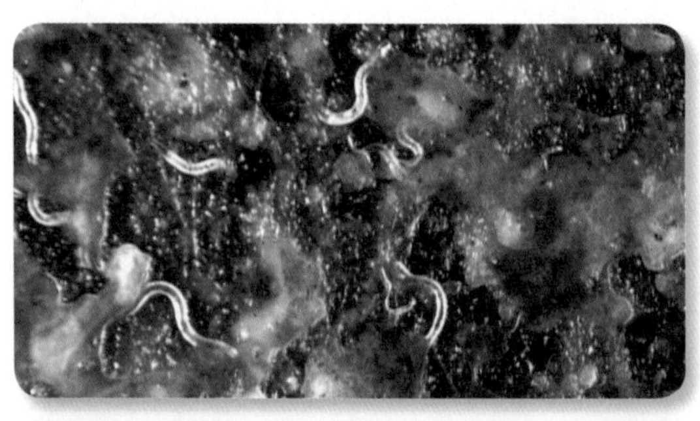

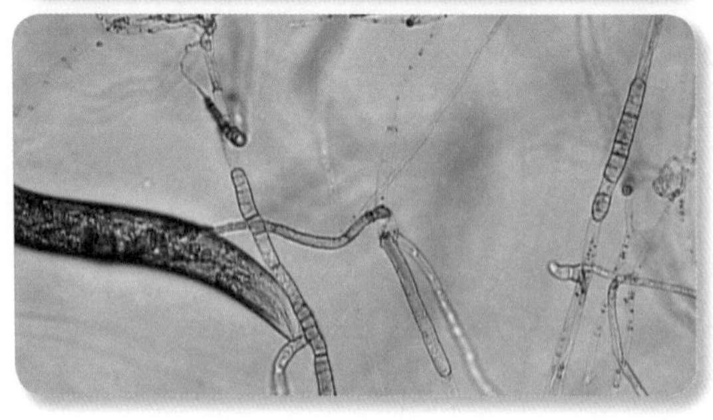

선충은 균사에 구멍을 내고 영양분을 빨아먹는다.

곰팡이가 만든 덫에 걸려 꼼짝 못하고 있는 선충.

알아서 서로의 세력을 조절하고 함께 사는 법을 터득하고 있는 미생물들의 세계이다. 애써 법을 만들고도 지키지 못하고 아옹다옹 싸우고만 있는 인간들의 세계와는 참 다른 모습을 한 곳이다. 언뜻 인간의 눈으로 보면 정지된 세계 같지만, 흙은 이러한 수십억 미생물들이 날마다 전쟁을 펼치는 소우주이다. 이 세계에서 한때 생명 활동을 하던 모든 것들도 결국에는 최초의 원소로 돌아가고 만다. 또 흙에서 생명이 나는 일 역시 다 이 작은 조절자들의 힘이다. 그들은 눈에 보이지 않는 크기로 지구 전체를 흔들어 움직인다.

● 남조류 이야기 ●

지구에 산소를 선물한 박테리아

식물은 잎에 있는 엽록체에서 햇빛의 에너지를 이용하여 물과 이산화탄소에서 포도당과 산소를 만든다. 이 산소 덕분에 우리는 숲에 들어갔을 때 새삼스럽게 상쾌함을 느끼고, 산소의 소중함을 알게 된다.
그렇다고 식물의 엽록체만이 산소를 만들어 낼 수 있다고 생각하지 말자. 지구에 처음 산소를 선물하여 동물들이 살아갈 수 있는 환경을 만들어 주었고, 아직까지도 살아남아 있는 녀석이 있다. 바로 이름도 거창한 선캄브리아기에 살았던 남조류, 시아노박테리아라는 놈이다.

이 녀석에게는 또 다른 모습도 있다. 생태 순환이 잘 이루어지지 않아, 잔뜩 유기물을 머금은 물이 호수나 강물에 들어가게 되면, 이 시아노박테리아가 폭발적으로 번식하여 녹조 현상을 일으킨다. 이 녹조 현상은 지구에 처음으로 숨을 주었던 이 녀석들이 우리에게 주는 경고일지도 모른다.

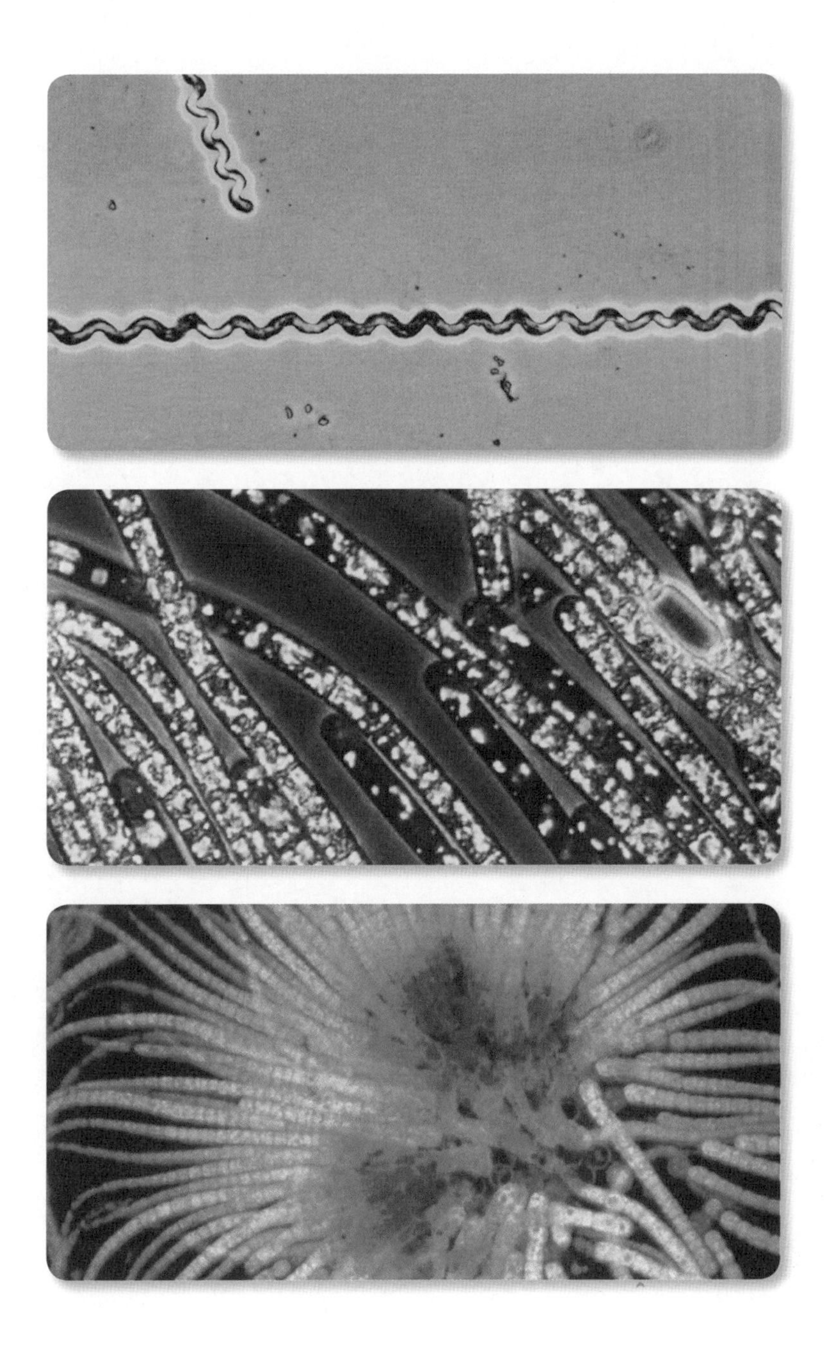

5

soil
forest
plant

흙에 뿌리내리는 숲

겨울을 나기 위해 떨어뜨렸던 낙엽은 흙 속에 썩어 들어가,
죽어서도 숲이 되기를 주저하지 않는다.
낙엽의 희생 아래, 나무는 더욱 굳게 흙에 뿌리를 내린다.

이렇듯 식물이 흙 속에 뿌리를 내리는 데는 다 이유가 있을 것이다.
흙은 나무의 뿌리를 잡아 주고, 뿌리는 흙에서 물과 양분을 빨아들이고,
흙 속에서도 숨을 쉴 공간을 찾아낸다. 또한 식물이 없는 맨땅에는
미생물이 거의 없다. 뿌리 주위에는 미생물이 모여들어 또 다시
흙을 기름지게 만들기 때문이다. 이렇듯 둘은 한 몸처럼 살아간다.

낙엽의 희생

여름 내내 진초록으로 물들었던 잎들이 어느덧 옷을 갈아입는 가을. 동물들이 겨울을 나기 위해 동면하듯이 나무도 또 다른 겨울나기를 준비한다.

가을이 깊어 가고 겨울이 다가오면 세상은 점점 메말라 간다. 대기에 물이 적어진다는 뜻. 흔히 겨울에 산불 조심하라고 하는 것도 다 습도가 낮아지기 때문이다. 이런 겨울에 무사히 살아남기 위해 나무는 자신의 한 부분을 희생한다. 물을 아끼기 위해서는 어쩔 수 없이, 공기와 맞닿아 있는 잎으로 물이 빠져나가지 못하게 잎을 떨어뜨리는 아픔을 감수해야만 한다. 바로 낙엽이다.

나무는 어떻게 그때를 아는 것일까? 나무 역시 사람과 다를 바 없이 햇빛이 드는 시간이 짧아지고, 온도가 낮아지면 드디어 잎을 떨어뜨려야 될 때가 되었음을 안다. 그러면 가지에는 서서히 떨켜낙엽이 질

무렵 잎자루와 가지가 붙은 곳에 생기는 특수한 세포층가 생기고, 떨켜를 경계로 잎이 떨어지는 것이다. 나무에게 낙엽은 살아남기 위해 어쩔 수 없는 선택이다. 하지만 그것으로 모두 끝은 아니다. 자신의 몸에서 떨어져 나온 낙엽에게는 생애 마지막 임무 한 가지가 더 남아 있다.

1그램 당 4.7킬로칼로리의 에너지. 생명력 넘치는 초록물이 다 빠진 낙엽이지만 땅과 함께 사는 미생물들은 땅에 떨어진 낙엽을 먹기 좋게 분해하고, 나무는 또 이 무기물을 흡수해 긴긴 겨울을 나고, 새봄을 맞는 힘을 얻는다. 또, 떨어진 낙엽은 자연스럽게 자신이 떠나온 나무의 영역을 표시한다. 낙엽은 보호 덮개 역할을 하면서 눈과 비를 막아 주고, 비가 와도 흙이 떠내려가지 않도록 잡아 주어 뿌리를

낙엽은 잎의 죽음인 동시에 숲의 시작이다.

보호한다. 이렇게 낙엽은 흙으로 돌아감으로써 다시 나무의 일부가 된다. 낙엽은 잎의 죽음인 동시에 숲의 시작이다. 이렇게 식물과 흙은 한 몸이 되어 살아간다.

흙과 뿌리

동물이든 식물이든, 살아 있는 생명은 무엇인가를 먹고 에너지를 얻어야 한다. 소처럼 채식을 하는 동물, 가리지 않고 잘 먹는 돼지, 그 소나 돼지를 먹는 사람 등 동물마다 그 식성은 다양하다. 하지만 그 처음을 따라가 보면 결국 식물이 없으면 동물은 에너지를 얻지 못해 죽을 수밖에 없음을 알 수 있다.

그렇다면 식물은 어떻게 자신에게 필요한 에너지를 얻을까? 바로 광합성이다. 광합성은 잎에 있는 엽록체라는 공장에서 태양 에너지, 이산화탄소, 물을 원료로 포도당과 같은 유기물을 만들어 내는 과정이다. 식물은 광합성 과정에서 나온 포도당을 에너지로 살아간다. 또한 식물이 살아가기 위해서는 포도당 같은 에너지원말고도, 스스로 만들어 낼 수 없는 질소, 인, 마그네슘, 칼륨 같은 무기물 역시 꼭 필요하다. 이러한 무기물은 흙 속으로 파고든 뿌리를 통해 물에 녹은 상태로 얻는다. 이렇듯 식물은 물과 무기물을 빨아들이는 뿌리, 광

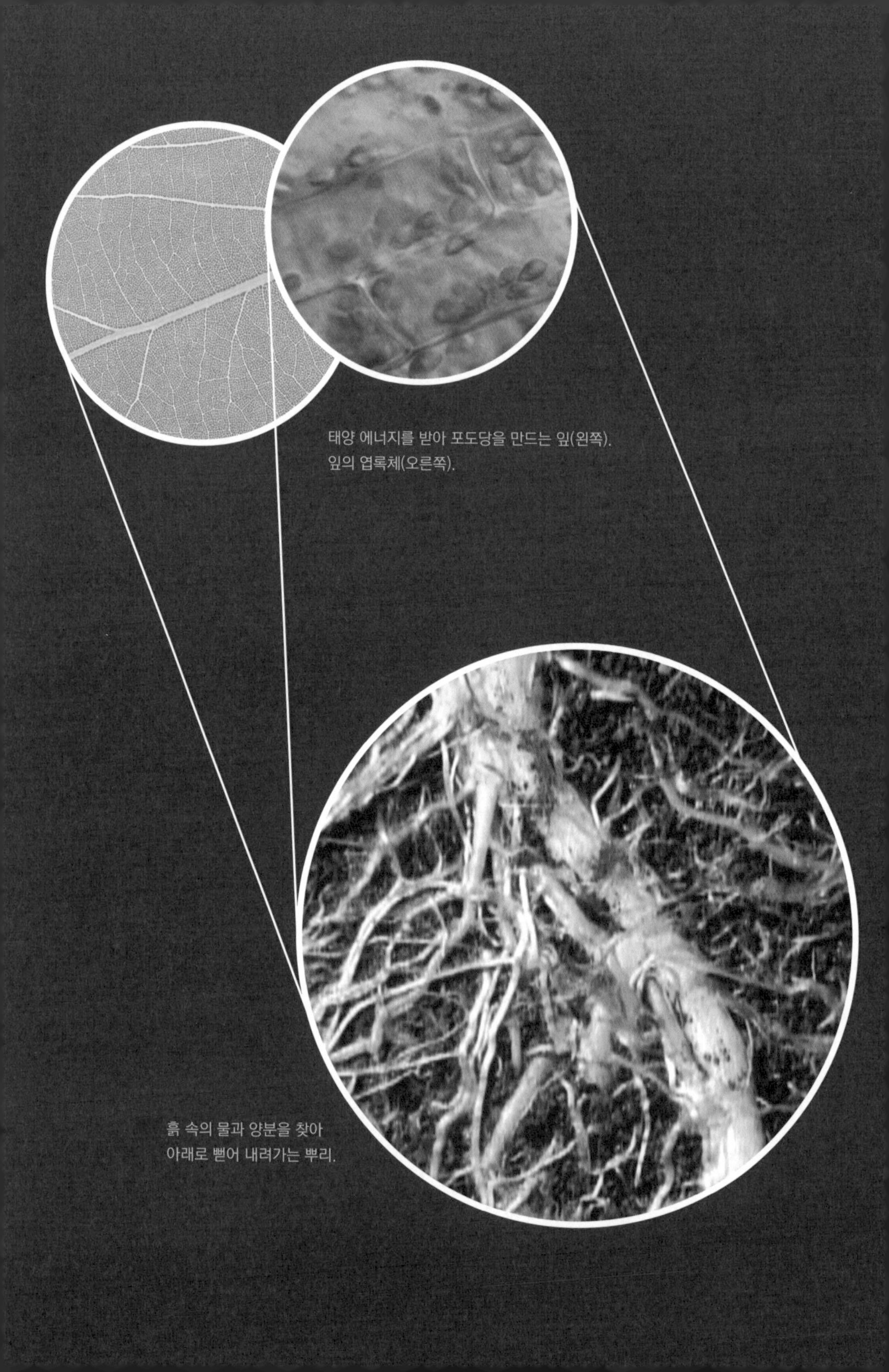

태양 에너지를 받아 포도당을 만드는 잎(왼쪽).
잎의 엽록체(오른쪽).

흙 속의 물과 양분을 찾아
아래로 뻗어 내려가는 뿌리.

합성을 하는 잎의 협동으로 자란다.

이러한 식물의 뿌리는 필요한 물과 무기물을 흡수하는 일뿐만 아니라, 흙 속에 단단하게 자리 잡아 식물을 지지해 주고, 광합성을 통해 만들어진 영양분을 저장하는 일도 한다. 이 든든한 녀석을 좀 더 살펴보자.

식물의 뿌리를 자세히 보면 원뿌리主根라고 불리는 기둥 같은 굵은 놈과 옆으로 나 있는 곁뿌리, 그리고 뿌리털根毛이라고 불리는 더 작고 가느다란 놈들로 이루어져 있다. 이 뿌리는 적당한 공기, 알맞은 수분, 풍부한 영양소를 찾아 땅속 깊숙한 곳까지 파고들어, 끊임없이 자라면서 흙 속에 새로운 길을 만든다. 적당한 곳이다 싶으면 주변과 교류할 수 있는 뿌리털을 낸다. 뿌리털은 좀 더 넓게 흙과 만나 잘 흡수할 수 있도록 해 주며, 이 빽빽하고 섬세한 길을 통해 물과 양분을 빨아들이는 것이다.

뿌리를 통해 태양을 만나는 미생물

흙은 온갖 생물의 따뜻한 보금자리가 되고, 미생물들이나 지렁이 같은 작은 동물들은 흙이 영양분이 풍부한 기름진 땅, 숨을 잘 쉬는 건

나무는 뿌리털을 내서 흡수 면적을 넓게 한다.

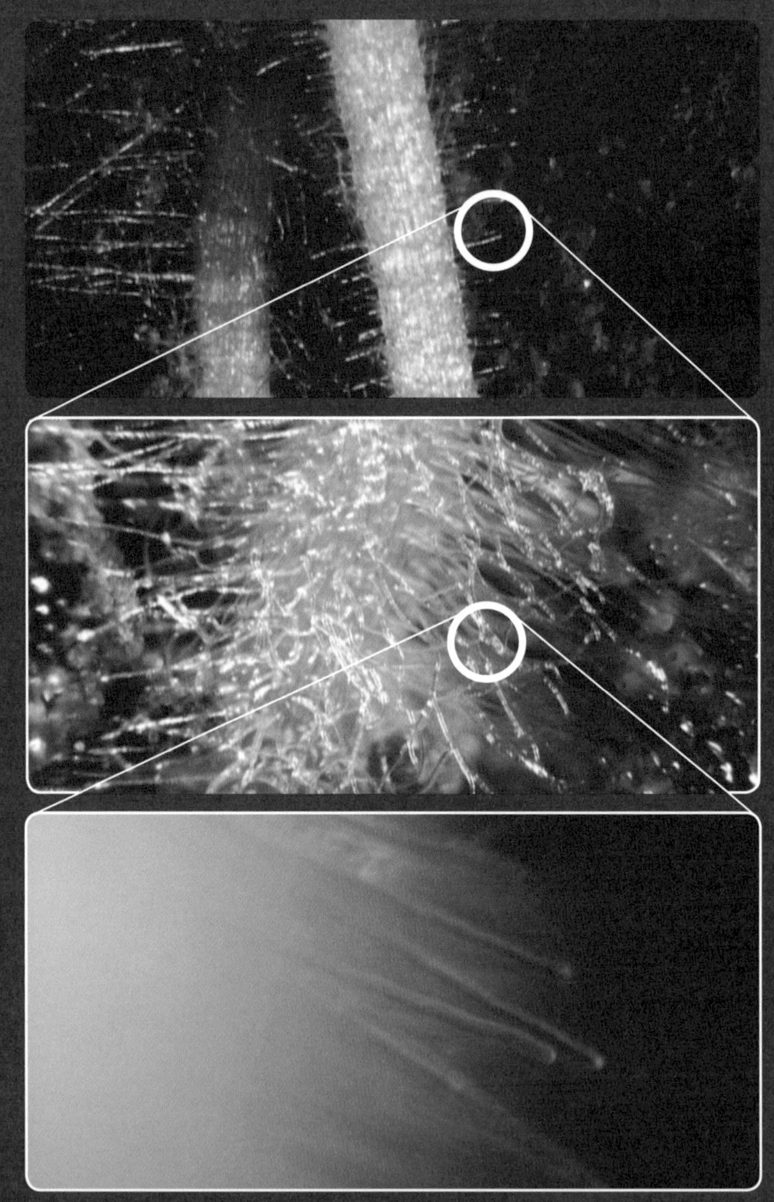

강한 땅, 잘 부서지지 않는 튼튼한 땅이 되도록 한다. 식물도 흙 속을 좀 더 살기 좋은 곳으로 만든다. 식물 가운데에는 고구마나 당근, 무처럼 커다란 뿌리에 온통 영양분을 저장하는 놈도 있고, 몸을 만드는 데 쓰고 남은 영양분을 조금 저장하는 놈도 있다. 어쨌든 식물은 뿌리에 영양분을 저장하는데, 이 당분을 얻기 위해 수많은 미생물들이 몰려든다고 할 수 있다.

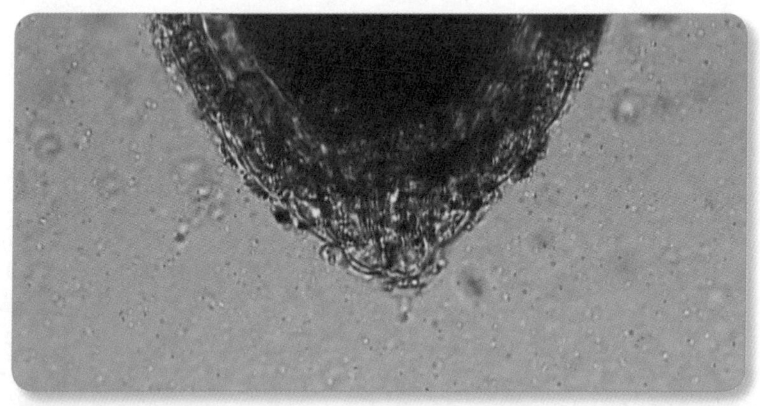

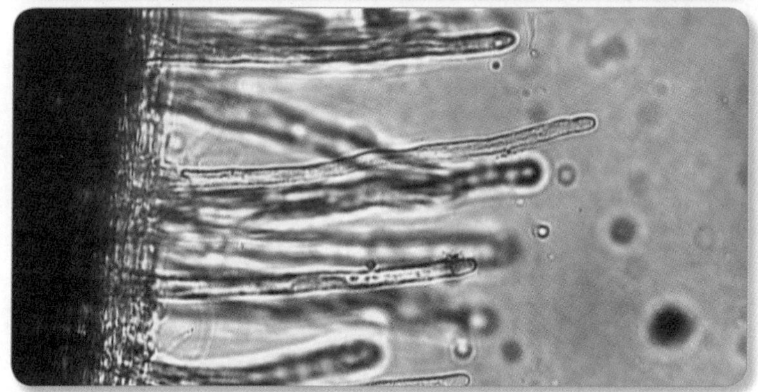

미생물은 뿌리에 있는 영양분을 보고 달려든다.

뿌리털이 자라는 모습.

곰팡이 균사가 흙 알갱이를 잡고 있어서 흙은 더욱 튼튼해진다.

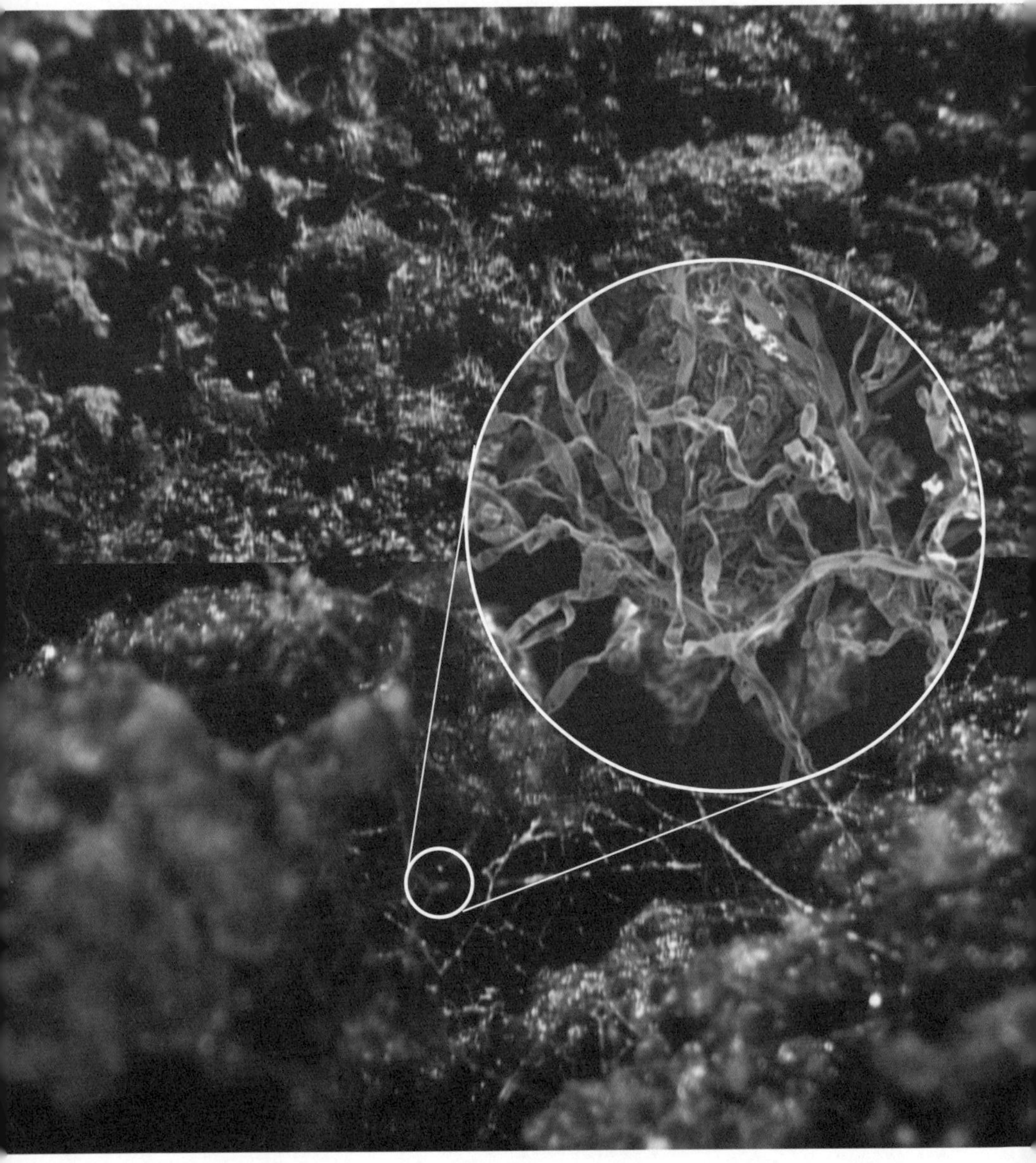

이렇게 미생물이 풍부하게 살고 있는 건강한 흙은 스펀지처럼, 발로 밟아도 쉽게 주저앉지 않는다. 자세히 보면 곰팡이 균사가 흙 알갱이를 잡고 있어서 흙이 먼지처럼 날아가지 않는 것이다. 즉, 미생물이 그 안을 지키기 때문이다.

식물이 없는 맨땅에는 미생물이 거의 없다. 식물과 미생물은 한 몸처럼 살아간다고 할 수 있다. 이렇게 식물과 미생물이 한 몸처럼 살아가는 형태 가운데 대표적인 것으로 마이코리자를 들 수 있다. 균사와 뿌리가 한덩어리를 이루고 있는데, 이러한 뿌리를 균근菌根이

뿌리 세포 안에 사는 균근균.

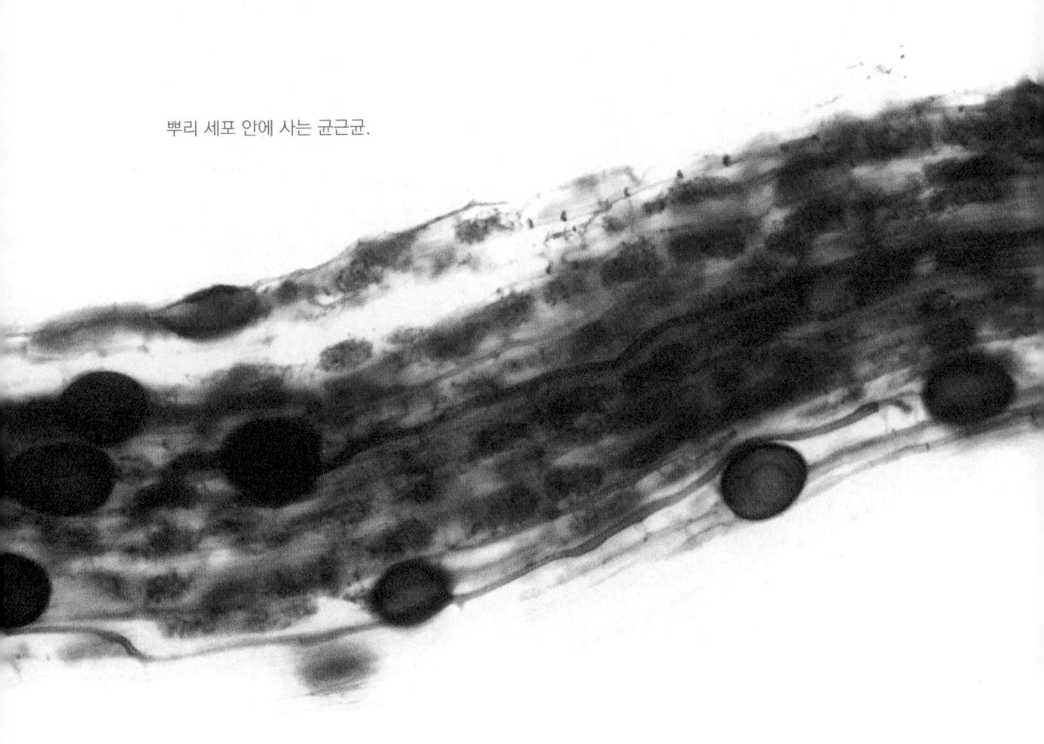

구슬처럼 생긴 마이코리자균과 뿌리털이 한 몸처럼 살아간다.

라고 하며, 이러한 뿌리에 사는 균을 균근균이라고 한다. 이러한 미생물은 식물로부터 당분을 얻고, 미생물은 뿌리가 갈 수 없는 좁은 틈까지 가서 양분을 얻어 오는 상부상조를 하면서 살아간다. 척박한 땅에서는 식물의 양분 흡수율을 2천 배나 올려 준다. 이 때문에 식물에게는 뿌리가 3센티미터나 더 생긴 셈이다.

독특한 향과 맛 때문에 귀한 음식 재료로 잘 알려진 송이는 소나무 곁에서 자주 발견된다. 송이松珥는 소나무와 동고동락하는 녀석이기 때문이다. 또한, 소나무는 척박한 곳에서도 뿌리를 잘 내리는데, 이 때에도 송이는 중요한 역할을 한다. 송이의 포자는 적당한 환경에

소나무와 동고동락하는 송이.

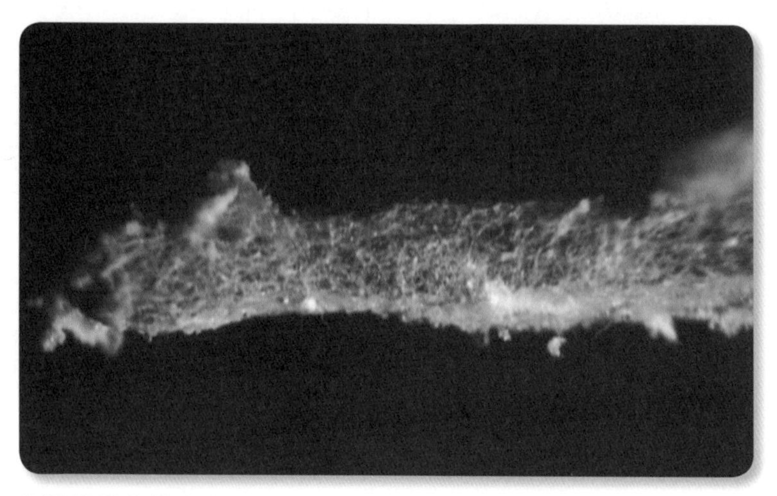

소나무 뿌리에 달라붙어 있는 송이의 균사.

서 발아되어 균사가 되면 소나무의 뿌리에 붙는다. 이 균사와 뿌리는 일 년 가까이 땅속에서 공생을 하면서 살아가다 가을쯤 송이버섯이라는 형태로 땅 밖으로 고개를 내밀어 그 향과 맛으로 사람을 유혹하는 것이다.

평생 태양을 보지 못하는 지하 세계, 그 암흑세계에 사는 미생물들은 결국 뿌리를 통해 태양을 만난다고 할 수 있다. 그리고 미생물들 역시 자기 좋은 것만 챙기고 입 싹 씻는 파렴치들은 아니어서, 뿌리에게 소중한 무기물을 제공하며 고마움을 표시한다. 미생물을 거느리는 범위는 곧 뿌리의 영역이며, 그곳이 바로 흙과 뿌리와 미생물이 사이좋게 살아가는 공동체 마을이다.

epilogue

흙으로 돌아온 인간

보이지 않게 뿌려졌던 씨앗은 어느덧 흙과 미생물과 다른 식물들의 협동 작업을 거쳐 무성하게 잎과 꽃을 피우고 지구에 생기를 더한다. 살아 있는 생명들이 서로 관계를 맺는 일, 자연은 그들이 한 몸이 되어 만들어 낸 총합 이상이다. 열매는 이 모든 관계의 결정판이라고 할 수 있다. 으름, 산딸기, 머루, 다래……. 하지만 정작 귀중한 것은 땅속에 감추어져 있음을 모르는 사람들은 종종 큰 실수를 한다.

좀 더 많은 수확을 위해 사람들은 땅을 개척하고, 살충제와 농약을 뿌리기 일쑤다. 흙과 함께 일생을 보내는 작은 동물, 미생물 같은 녀석들에게 이러한 살충제와 농약은 핵폭발과 다름없다. 결국 미생물이 죽어 버린 흙은 껍데기만 남은 빈집이 된다. 좀 더 많이 얻으려는 욕심을 버리지 않으면 어쩔 수 없는 악순환의 반복이다.

밥 길을 냈던 농부들이 일주일 뒤 다시 대나무 숲을 찾았다. 묻어 두었던 밥은 어떻게 되었을까? 뽀얗게 먹음직스러웠던 하얀 밥은 형형색색의 곰팡이가 피고, 삭을 대로 삭아 뭉개져 있어 밥알의 형체조차 알아볼 수 없게 되어 버렸다. 사람의 먹을거리로만 보자면 바로 음식물 쓰레기통으로 가지고 가야 할 처치 곤란한 녀석들이다. 하지만 곰팡이가 피고 삭을 대로 삭은 이 밥이 어떤 녀석들에게는 더할 나위 없이 소중한 진짜 보물이다.

이 밥은 대나무 뿌리에 사는 수억 마리의 미생물들이 고스란히 옮겨 와 만들어진 완벽한 생태계이다. 사람이 먹는 밥이 미생물들이 먹는 밥이 된 것이다. 농부들에게 이런 원시 상태의 토착 미생물들은 그 어떤 금은보화보다도 소중한 보물이다. 좀 더 정확하게 말하자면, 농부들이 키우는 농작물, 농작물을 보듬고 있는 흙에게는 그 어떤 비료, 농약보다 훌륭한 녀석들이다.

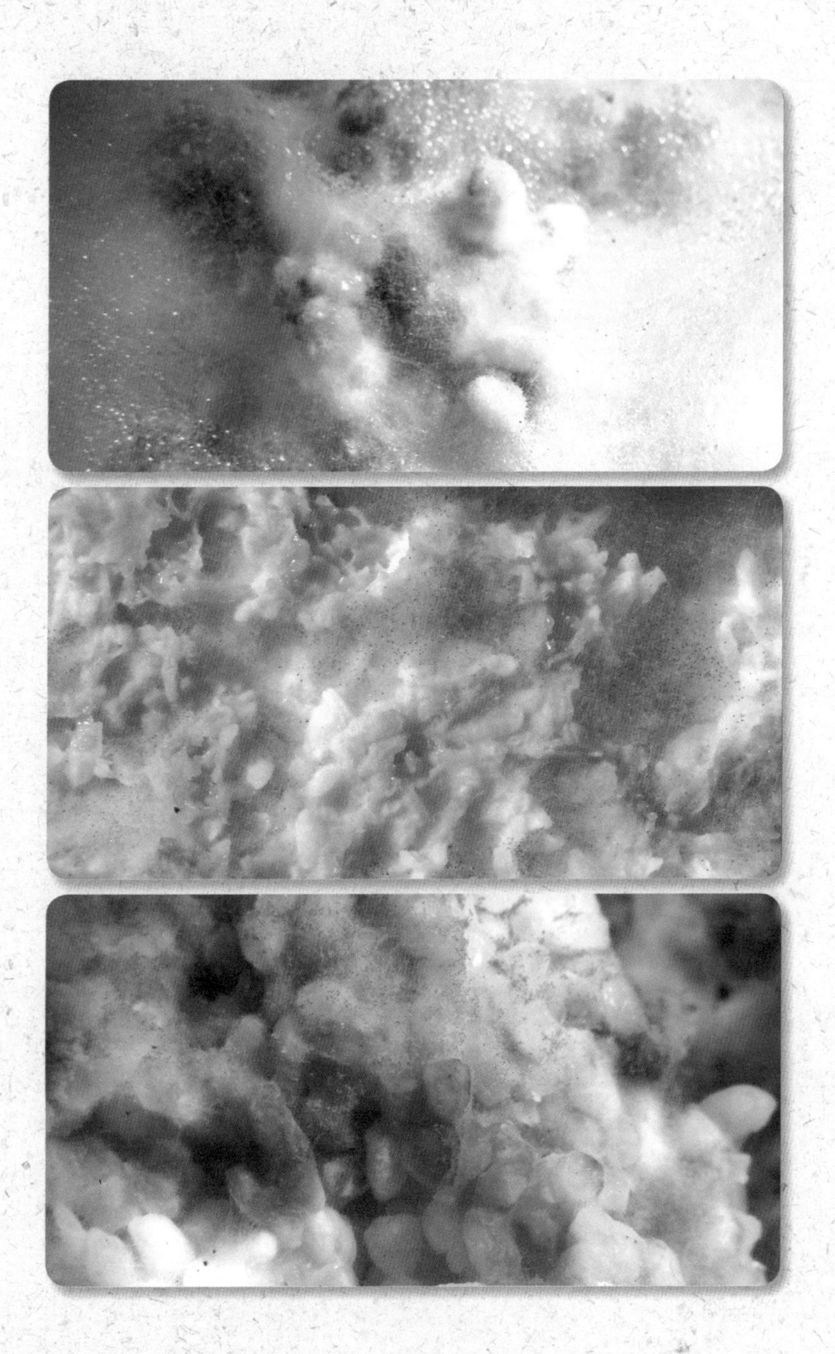

흙에 살던 미생물을 모두 담고 있는 삭은 밥. 여기에 설탕을 넣고 버무리면 삼투압 때문에 물이 다 빠져 미생물들은 잠시 활동을 멈추고 휴면 상태로 들어간다. 그 다음 농지로 가져와서는 물에 개어 희석시키면 다시 물을 머금고 미생물들이 잠에서 깨어난다. 이 용액, 그 안에 살고 있는 엄청난 양의 미생물들을 농약 대신 뿌린다. 드디어 미생물들이 활동을 시작한다. 3일이면 미생물들이 땅을 접수하는 데는 충분한 시간이다. 또 흙과 쌀겨를 섞어 발효시킨 뒤 비료 대신 뿌린다. 농부는 어찌 보면, 미생물 관리자이다. 그 미생물이 작물을 키우기 때문이다. 겉으로 보기에는 잡초가 무성한 과수원이지만, 생산량은 오히려 늘었다고 한다.

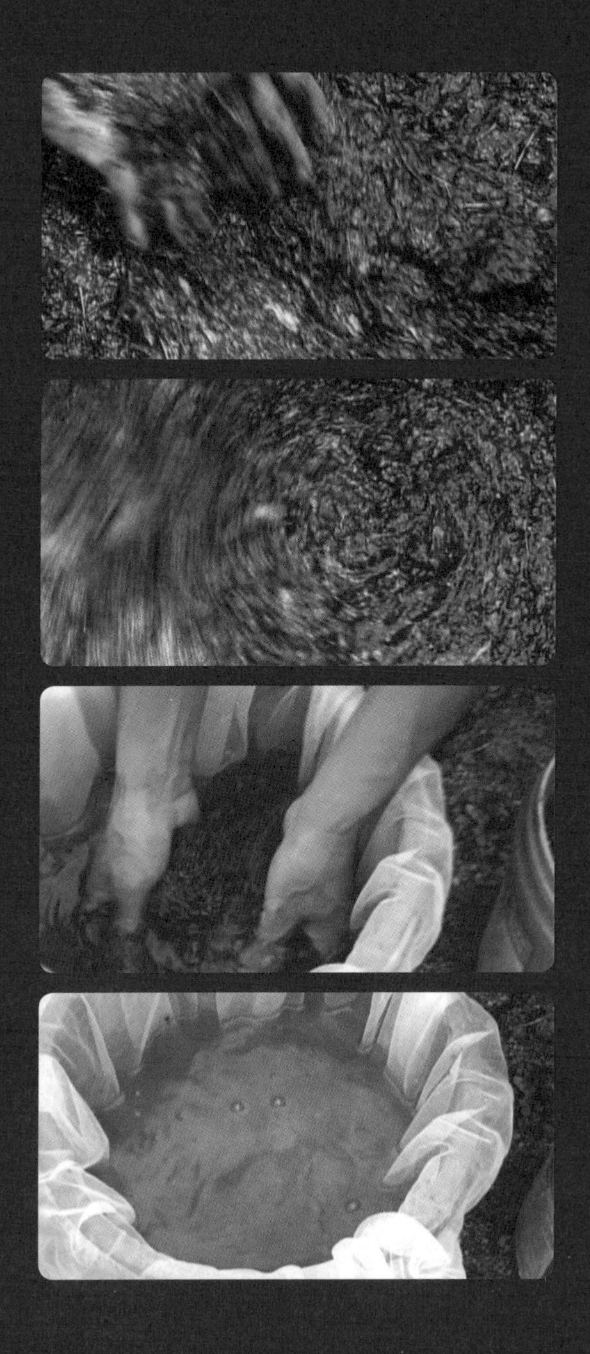

3일 뒤

서로가 서로를 견제하며 그 어떤 녀석도 필요 이상 자라게 하지 않고, 흙을 살아 있게 한다. 특별히 무엇을 더 주고, 빼지 않아도, 건강한 흙에서 모셔온 미생물들은 알아서 척박한 땅을 생기 있는 원래의 모습으로 돌려놓는다. 이 힘으로 씨앗은 자라는 것이다.

먹고 먹히고, 서로 기대고 경쟁하고, 자연에서 일어나는 일이 여기서도 일어나야 한다. 이 농지에 살았던 모든 생물들의 삶을 응축해 열매를 맺는다. 이 열매에는 흙의 고마움을 알게 된 사람을 위한 몫도 고스란히 담겨 있다. 거짓말을 하지 않는 흙과 열매인 것이다.

흙의 비밀을 아는 농부들은 또 밥을 땅에 묻는다.
보이지 않게 이 세계를 조절하는 힘.
다시 봉인을 풀 즈음이면
그들의 영토는 한층 더 커져 있을 것이다.

EBS 다큐멘터리 《흙》

과학의 눈, 생명 존중의 마음으로 흙과 생명의 희노애락을 다룬 자연 다큐멘터리로 2005년 6월 22일 방영되어 많은 감동과 호응을 이끌어 냈다.
흙과 박테리아, 곰팡이, 뿌리, 지렁이, 꽃의 변화를 잘 담아낸 영상은 1년 2개월이라는 긴 제작 기간과 이의호 프로듀서의 끈질긴 인내심이 빚어낸 결과물이다. 특히, 생애 처음 다큐멘터리 내레이션을 한 배우 최불암은 특유의 구수하고 친근한 목소리로 흙과 생명을 다루고 있는 다큐멘터리의 내용을 잘 전달했다는 평을 받았다.
생태 순환이라는 관점에서 한 숟가락의 흙 속에 담긴 우주를 그 어떤 드라마보다 흥미진진하게 풀어낸 다큐멘터리 《흙》은, 2005년 한국방송촬영감독연합회가 주최하는 그리메상 촬영 부문 최우수상을 받았다.

다큐멘터리를 만든 **이의호** 프로듀서는

그동안 《물총새 부부의 여름나기》(1994) 《하늘 다람쥐의 숲》(1997) 등의 자연 다큐멘터리를 촬영하고, 《생명의 터 논》(1999) 《풀섶의 세레나데》(2000) 《잠자리》(2001) 《사냥꾼의 세계》(2002) 등의 자연 다큐멘터리를 연출, 촬영했다.
카메듀서(카메라맨+프로듀서)라는 말을 처음으로 만들어 낸 이의호 프로듀서는 기획에서부터 내용 구성, 촬영, 편집 작업까지 직접 해낸다. 한국방송대상 촬영상, 어스비전(Earth Vision) 심사위원특별상, 대한민국 영상대전 프로특별상 등을 수상했다.

책 내용을 감수한 **이태원** 교사는

조선 시대 정약전이 쓴 우리나라 최초의 해양생물학 책 《현산어보》의 발자취를 좇아 현대에 되살린 《현산어보를 찾아서》를 썼으며, 현재 세화고등학교에서 아이들에게 생물을 가르치고 있다.